普通高等教育“十二五”精品规划教材

土力学实验

主　编　陈晓平　钱　波
副主编　余明东　胡建春

中国水利水电出版社
www.waterpub.com.cn

内 容 提 要

本书是根据暨南大学岩土实验室和西昌学院土力学实验室多年的实验教学实践以及西昌学院省级土木工程基础教学示范中心的开放实验室的特点而编写的，内容既注重学科基础理论和知识的运用，又注重将学科的新概念、新方法引入实验，力求将知识的传授与实际应用能力的培养结合起来。本书包括土样和试样制备、含水率、密度、土粒比重、颗粒分析、黏性土界限含水率、击实、渗透、固结、直接剪切、三轴压缩、地基静荷载等共计12大类、25个教学实验，各章节后附有相应的思考题。

本书可作为高等工科院校水利水电工程、土建工程及环境工程等专业及其他有关本科、专科的教材，并可供有关工程技术人员参考。

图书在版编目（CIP）数据

土力学实验 / 陈晓平，钱波主编. -- 北京 : 中国水利水电出版社，2011.1(2021.1重印)
普通高等教育“十二五”精品规划教材
ISBN 978-7-5084-8184-5

Ⅰ. ①土… Ⅱ. ①陈… ②钱… Ⅲ. ①土力学－实验－高等学校－教材 Ⅳ. ①TU4-33

中国版本图书馆CIP数据核字(2010)第246911号

书　　名	普通高等教育“十二五”精品规划教材 **土力学实验**
作　　者	主　编　陈晓平　钱　波 副主编　余明东　胡建春
出版发行	中国水利水电出版社 （北京市海淀区玉渊潭南路1号D座　100038） 网址：www.waterpub.com.cn E-mail：sales@waterpub.com.cn 电话：(010) 68367658（营销中心）
经　　售	北京科水图书销售中心（零售） 电话：(010) 88383994、63202643、68545874 全国各地新华书店和相关出版物销售网点
排　　版	北京时代澄宇科技有限公司
印　　刷	北京市密东印刷有限公司
规　　格	184mm×260mm　16开本　5印张　119千字
版　　次	2011年1月第1版　2021年1月第5次印刷
印　　数	11001—13000册
定　　价	**20.00**元

凡购买我社图书，如有缺页、倒页、脱页的，本社营销中心负责调换

前言

土力学是工科类高等院校水利水电工程、土建工程及环境工程等专业的一门重要专业基础课程，它属于应用学科，又属于工程技术学科，具有鲜明的实验性和实践性，其教学包括理论教学和实验教学两部分。土力学实验是土力学教学中，加强学生对基本概念、基本规律和基本理论理解的重要环节，也是培养学生了解实验及科研仪器、掌握操作技能、分析实验数据、整理实验成果和编写实验报告的能力。

本书在暨南大学岩土实验室和西昌学院土力学实验室多年实验教学经验及原有讲义的基础上，广泛吸收国内外相关实验教材的优点，结合土力学实验教学的实际以及编著者的自身实验工作经验编著而成，其内容涵盖了土力学教学大纲要求的所有实验。本书的编写结合暨南大学及西昌学院开放实验室的特点，力求符合学生的认识规律并便于学生独立操作，内容既注重学科基础理论和知识的运用，又注重将学科的新概念、新方法引入实验，力求将知识的传授与实际应用能力的培养结合起来。

本书由暨南大学陈晓平教授和西昌学院钱波副教授主编，副主编为西昌学院余明东及胡建春，全书由钱波统稿。全书共计十二章，第十一章、第十二章由陈晓平编写，第一章、第八章、第九章及第十章由钱波编写，第五章、第六章及第七章由余明东编写，第二章、第三章及第四章由胡建春编写。

本书在编写的过程中得到了中国水利水电出版社的关心和支持，各兄弟院校的同行也提供了许多宝贵意见和建议，在此表示衷心感谢！

由于时间仓促，水平有限，书中的缺点和错误在所难免，恳切希望读者批评指正。

编 者

2010 年 12 月

目录

前言

第一章　误差的基本知识 …… 1
　思考题 …… 5

第二章　土样和试样制备 …… 6
　第一节　概述 …… 6
　第二节　土样预备 …… 6
　第三节　试样制备 …… 7
　第四节　试样饱和 …… 8
　思考题 …… 10

第三章　含水率实验 …… 11
　第一节　概述 …… 11
　第二节　烘干法 …… 11
　第三节　酒精燃烧法 …… 13
　思考题 …… 13

第四章　密度实验 …… 14
　第一节　概述 …… 14
　第二节　环刀法 …… 14
　第三节　蜡封法 …… 16
　第四节　灌水法 …… 17
　第五节　灌砂法 …… 19
　思考题 …… 23

第五章　土粒比重实验 …… 24
　第一节　概述 …… 24
　第二节　比重瓶法 …… 24
　第三节　浮称法 …… 27
　思考题 …… 28

第六章　颗粒分析实验 …… 29
　第一节　概述 …… 29
　第二节　筛析法 …… 29
　第三节　密度计法 …… 32

思考题 …… 37

第七章 黏性土界限含水率实验 …… 38

第一节 概述 …… 38

第二节 液限、塑限联合测定法 …… 38

第三节 搓滚法测黏性土塑限 …… 41

思考题 …… 43

第八章 击实实验 …… 44

第一节 概述 …… 44

第二节 击实实验 …… 44

思考题 …… 48

第九章 渗透实验 …… 49

第一节 概述 …… 49

第二节 常水头渗透实验 …… 49

第三节 变水头渗透实验 …… 52

思考题 …… 54

第十章 固结实验 …… 55

第一节 概述 …… 55

第二节 标准固结实验 …… 55

思考题 …… 59

第十一章 直接剪切实验 …… 60

第一节 概述 …… 60

第二节 直接剪切实验（快剪法） …… 60

思考题 …… 63

第十二章 三轴压缩实验 …… 64

第一节 概述 …… 64

第二节 三轴压缩实验 …… 64

思考题 …… 70

参考文献 …… 71

第一章 误差的基本知识

一、误差的基本概念

在土力学实验过程中，离不开对土的各项指标的测量，测量有直接的，也有间接的。由于实验仪器设备、实验条件、环境等因素的限制，测量不可能无限精确，各指标的测量值与客观存在的真实值之间总会存在着一定的差异，这种差异就是误差。

误差与错误不同，错误是应该而且可以避免的，而误差是不可能绝对避免的。从实验的原理、实验所用的仪器及仪器的调整，到对物理量的每次测量，都不可避免地存在误差，并贯穿于整个实验过程的始终。充分研究科学实验和测量过程中存在的误差，具有以下重要意义。

（1）正确认识误差的性质，分析产生的原因，以减小误差或消除某些误差。

（2）正确处理数据，以便得到接近真值的数据和结果。

（3）合理设计和组织实验，正确选用仪器与测量方法，使在一定条件下得到最佳结果。

二、真值

真值，是指在一定的时间及空间（位置或状态）条件下，被测量所体现的真实数值。通常所说的真值可以分为理论真值、约定真值和相对真值。

理论真值又称为绝对真值，是指在严格的条件下，根据一定的理论，按定义确定的数值。例如三角形的内角和恒为180°，一般情况下，理论真值是未知的。

约定真值是指用约定的办法确定的最高基准值，就给定的目的而言它被认为充分接近于真值，因而可以代替真值来使用。如：基准米定义为“光在真空中1/299792458s的时间间隔内行程的长度”。测量中，修正过的算术平均值也可作为约定真值。

相对真值也叫实际值，是指将测量仪表按精度不同分为若干等级，高等级的测量仪表的测量值即为相对真值。例如，标准压力表所指示的压力值相对于普通压力表的指示值而言，即可认为是被测压力的相对真值。通常，高一级测量仪表的误差若为低一级测量仪表的1/10～1/3，即可认为前者的示值是后者的相对真值。相对真值在误差测量中的应用最为广泛。

三、测量误差及其表示方法

测量结果与被测量真值之差称为测量误差。在实际测试中真值无法确定，因此常用约定真值或相对真值代替真值来确定测量误差。测量误差可以用以下几种方法表示。

1. 绝对误差

绝对误差是指测量结果的测量值与被测量的真值之间的差值，即

$$\Delta = x - x_0 \tag{1-1}$$

式中　Δ——绝对误差；

x_0——真值，可为相对真值或约定真值；

x——测量值。

绝对误差 Δ 说明了系统示值偏离真值的大小，其值可正可负，具有和被测量相同的量纲。

2. 相对误差

相对误差定义为绝对误差 Δ 与真值 x_0 之比的百分数，即

$$\delta=\frac{\Delta}{x_0}\times 100\%\tag{1-2}$$

式中　δ——相对误差。

通常，用绝对误差来评价相同被测量的测量精度的高低，用相对误差来评价不同被测量的测量精度的高低。

3. 引用误差

相对误差可以评价不同被测量的测量精度，却不能用来评价不同仪表的质量。因为同一仪表在整个测量范围内的相对误差不是定值，由相对误差的定义可知，在绝对误差相同的情况下，随着被测量的减小，相对误差逐渐增大。为合理的评价仪表的测量质量，引入引用误差的概念。

引用误差定义为绝对误差 Δ 与测量仪表的满量程 A 的百分比，即

$$r=\frac{\Delta}{A}\times 100\%\tag{1-3}$$

式中　r——引用误差。

四、误差的分类

根据误差的性质及其产生的原因，可分为系统误差、随机误差和粗大误差三类。

1. 系统误差

在相同的条件下，对同一物理量进行多次测量，如果误差按照一定规律出现，则把这种误差称为系统误差（system error），简称系差。系统误差对测量值的影响总是有同一偏向或相近大小。如用未经校正的偏重的砝码称重，所得质量数值总是偏小。

2. 随机误差

当对某一物理量进行多次重复测量时，若误差出现的大小和符号均以不可预知的方式变化，则该误差为随机误差（random error），又称偶然误差。随机误差的数值一般都不大，不可预测但服从统计规律。误差理论就是研究随机误差规律的理论。

3. 粗大误差

明显超出规定条件下的预期值的误差称为粗大误差（abnormal error），又称过失误差。粗大误差一般是由于操作人员粗心大意、操作不当或实验条件没有达到预定要求就进行实验等造成的，并无一定规律。如读错、测错、记错数值、使用有缺陷的测量仪表等。

五、随机误差的表示法

1. 算术平均值 X_a

采用式（1-4）计算算术平均值。

$$X_a=\frac{1}{n}\left(\sum_{i=1}^{n}X_{mi}\right)\tag{1-4}$$

式中　X_{mi} ——测量值；

i ——某一次数；

n ——测量次数，当 $n \to \infty$ 时，$X_a \to X_t$ ，X_t 表示真值。

2. 标准误差 S

测量值误差 $\delta_i = X_{mi} - X_t$ ，则标准误差

$$S = \sqrt{\frac{\sum_{i=1}^{n} \delta_i^2}{n}} \tag{1-5}$$

标准误差是各测量值误差平方和的平均值的平方根，又称均方根误差，对较大或较小的误差反应比较灵敏，是表示测量精度较好的一种方法。

3. 有限测量次数的标准误差

当测量次数无限多时，算术平均值 X_a 才是真值 X_t ，当测量次数有限时，X_a 只能近似等于真值。设测量值偏差 $\alpha_i = X_{mi} - X_a$ ，它与误差 $\delta_i = X_{mi} - X_t$ 不相等，由测量中正负误差出现的概率相等可推出式（1－6）。

$$\sum_{i=1}^{n} \alpha_i^2 = \frac{n-1}{n} \sum_{i=1}^{n} \delta_i^2 \tag{1-6}$$

由式（1－6）可见，有限测量次数中用算术平均值计算的偏差平方和永远小于用真值计算的误差平方和，由此得出有限测量次数的标准误差计算公式

$$S = \sqrt{\frac{\sum_{i=1}^{n} \delta_i^2}{n}} = \sqrt{\frac{\sum_{i=1}^{n} \alpha_i^2}{n-1}} = \sqrt{\frac{\sum_{i=1}^{n} (X_{mi} - X_a)^2}{n-1}} \tag{1-7}$$

4. 误差的传递

在实验中，对长度、质量、位移等物理量能直接测量，但对应力、弹性模量等物理量一般不能直接测量，必须通过一些能直接测量的物理量按一定公式计算求得。这样计算出的间接测量结果具有一定的误差，如何由直接测量的误差计算间接测量的误差，这就是误差传递规律问题。

（1）已知自变量误差求函数的误差——已知直接测量误差求间接测量误差。设函数 $y = f(X_1, X_2, \cdots, X_r)$ ，其自变量 X_1，X_2，…，X_r 为 r 个直接测量的物理量，其标准误差分别为 S_1，S_2，…，S_r 。

对 X_1，X_2，…，X_r 各作了 n 次测量，可算出 n 个 y 值，则每次测量的误差

$$\delta y_i = \left(\frac{\partial y}{\partial x_1}\right)\delta x_{1i} + \left(\frac{\partial y}{\partial x_2}\right)\delta x_{2i} + \cdots + \left(\frac{\partial y}{\partial x_r}\right)\delta x_{ri} \tag{1-8}$$

两边平方

$$\delta y_i^2 = \left(\frac{\partial y}{\partial x_1}\right)^2 \delta x_{1i}^2 + \left(\frac{\partial y}{\partial x_2}\right)^2 \delta x_{2i}^2 + \cdots + 2\left(\frac{\partial y}{\partial x_1}\right)\left(\frac{\partial y}{\partial x_2}\right)\delta x_{1i}\delta x_{2i} + \cdots$$

$$(i = 1, 2, 3, \cdots, n)$$

由正负误差出现的概率相等，当 n 足够大时，将所有 δy_i^2 相加，则非平方项对消而得出

$$\sum_{i=1}^{n}\delta y_i^2=\left(\frac{\partial y}{\partial x_1}\right)^2\sum_{i=1}^{n}\delta x_{1i}^2+\left(\frac{\partial y}{\partial x_2}\right)^2\sum_{i=1}^{n}\delta x_{2i}^2+\cdots+\left(\frac{\partial y}{\partial x_r}\right)^2\sum_{i=1}^{n}\delta x_{ri}^2$$

两边除以 n 再开方得标准误差

$$S_y=\sqrt{\left(\frac{\partial y}{\partial x_1}\right)^2 S_1^2+\left(\frac{\partial y}{\partial x_2}\right)^2 S_2^2+\cdots+\left(\frac{\partial y}{\partial x_r}\right)^2 S_r^2}$$

相对标准误差

$$e_y=\frac{S_y}{y}=\sqrt{\left(\frac{1}{y}\times\frac{\partial y}{\partial x_1}\right)^2 S_1^2+\left(\frac{1}{y}\times\frac{\partial y}{\partial x_2}\right)^2 S_2^2+\cdots+\left(\frac{1}{y}\times\frac{\partial y}{\partial x_r}\right)^2 S_r^2}\tag{1-9}$$

（2）已知函数误差求自变量的误差——给定间接测量值的误差，求各直接测量允许的最大误差。通常当各实验测量值的误差难以估计时，可用等效传递原理，即假定各自变量的误差对函数误差的影响相等来解决。

根据下式

$$S_y=\sqrt{\left(\frac{\partial y}{\partial x_1}\right)^2 S_1^2+\left(\frac{\partial y}{\partial x_2}\right)^2 S_2^2+\cdots+\left(\frac{\partial y}{\partial x_r}\right)^2 S_r^2}=\sqrt{r\left(\frac{\partial y}{\partial x_i}\right)^2 S_i^2}=\sqrt{r}\,\frac{\partial y}{\partial x_i}S_i$$

各自变量的误差为

$$S_1=\frac{S_y}{\sqrt{r}\left(\frac{\partial y}{\partial x_1}\right)},\ S_2=\frac{S_y}{\sqrt{r}\left(\frac{\partial y}{\partial x_2}\right)},\ \cdots,\ S_r=\frac{S_y}{\sqrt{r}\left(\frac{\partial y}{\partial x_r}\right)}\tag{1-10}$$

六、减小系统误差的方法

分析和研究系统误差的最终目的是减小和消除系统误差。下面介绍一些常用的消除系统误差的方法。

1. 消除系统误差产生的根源

为减小系统误差的影响，应该从测试系统的设计时入手。选用合适的测量方法以避免方法误差；选择最佳的测量仪表与合理的装配工艺，以减小工具误差；选择合适的测量环境以减小环境误差。此外，还需定期的检查、维修和校正测量仪器以保证测量的精度。

2. 引入更正值法

该方法主要用于消除定值系统误差。在测量之前，通过对测量仪表进行校准，可以得到更正值，将更正值加入测量值中，即得到被测量的真值。应该注意的是，更正值本身的误差应小于所要求的测量误差。由于更正值本身也存在误差，因此系统误差并没有完全消除，只是大大地被削弱了。

更正值一般用 C 表示，它是与测量误差的绝对值相等而符号相反的值。更正值给出的方式不一定是具体的数值，也可以是一条曲线、公式或数表。在某些自动检测系统中，预先将更正值储存于计算机的内存中，这样可对测量结果中的系统误差自动进行修正。

3. 采用特殊测量方法消除系统误差

（1）直接比较法。直接比较法即零位式测量法，用于消除定值系统误差。该方法的优点在于当指示器的灵敏度足够高时，测量的准确度取决于标准的已知量，而标准量具的误差是很小的。

（2）替代法。替代法主要用于消除定值系统误差，其操作方法为用可调的标准量具取代被测量 x 接入测量仪表，通过调节标准量具 A 的值使测量仪表的示值与被测量接入时相同，于是有 $x=A$ 。

（3）交换法。这种方法是指当测量仪表内部存在固定方向的误差因素时，将测量中的某些条件（如被测物的位置或被测量的极性等）相互交换，使产生系差的原因对先后两次测量结果起反作用，将这两次测量结果加以适当的数学处理（通常取其算术平均值或几何平均值），即可消除系统误差。

（4）微差法。这种方法是将被测量与已知的标准量进行比较，取其差值，然后用测量仪表测量这个差值。微差法只要求标准量与被测量相近，而用指示仪表测量其差值。这样，指示仪表的误差对测量的影响会大大减弱。

思　考　题

（1）什么是误差？产生误差的原因有哪些？

（2）减小系统误差的常用方法有哪些？

（3）什么是真值？

第二章 土样和试样制备

第一节 概 述

土力学课程中很少涉及土样和试样制备这部分内容，实际上，土样和试样制备是实验过程中最初始、最重要的环节，它直接决定着实验的成败和实验结果正确与否，是后续实验的一个相当重要的基础工作，应引起特别的关注。

土样在实验前必须经过的制备程序，包括土的风干、碾散、过筛、匀土分样和储存等预备程序以及制备试样程序。土样制备程序视需要的实验而异，故土样制备前应拟定土工实验计划。对密封的原状土样除小心搬运和妥善存放外，在实验前不应开启，实验前如需要进行土样鉴别和分类必须开启时，则在检验后，应迅速妥善封好储藏，应使土样少受扰动。

试样的制备是获得正确实验成果的前提，为保证实验成果的可靠性以及实验数据的可比性，应具备一个统一的试样制备方法和程序。试样的制备可分为原状土的试样制备和扰动土的试样制备。

第二节 土 样 预 备

一、细粒土样预备程序

(1) 将扰动土样进行土样描述，如颜色、土类、气味及夹杂物等；如有需要，将扰动土样充分拌匀，取代表性土样进行含水率测定。

(2) 将块状扰动土放在橡皮板上用木碾或碎土器碾散，但切勿压碎颗粒；如含水率较大不能碾散时，可先风干至易碾散为止。

(3) 根据实验所需土样数量，将碾散后的土样过筛。物理性实验如液限、塑限、缩限等实验，需过 0.5mm 筛；常规水理性及力学性实验土样，需过 2mm 筛；击实实验土样的最大粒径必须满足击实实验采用不同击实筒实验时的土样中最大颗粒粒径的要求。过筛后，取出足够数量的代表性土样，分别装入容器内，标以标签，以备各项实验之用。

(4) 为配制一定含水率的土样，取过 2mm 筛的足够实验用的风干土 1～5kg，计算所需的加水量；平铺在不吸水的盘内，用喷雾设备喷洒预计的加水量，并充分拌和；然后加入容器内盖紧，润湿一昼夜备用（砂性土润湿时间可酌情减短）。

(5) 测定湿润土样不同位置的含水率（至少 2 个以上），要求差值满足含水率测定的允许平行差值。

(6) 对不同土层的土样制备混合试样时，应根据各土层厚度，按比例计算相应质量配合，然后进行扰动土的制备工序。

二、粗粒土的预备程序

（1）无凝聚性的松散砂类土、砾类土，取足够实验用的代表性土样做颗粒分析实验用，其余过 5mm 筛，筛上筛下土样分别储存，供做比重及最大、最小孔隙比等实验用，取一部分过 2mm 筛的土样备力学实验用。

（2）有部分黏土黏附在砂砾土上面，则先用水浸泡，然后将浸泡过的土样在 2mm 筛上冲洗，取筛上及筛下具有代表性土样做颗粒大小分析用。

（3）将过筛土样或冲洗下来的土浆风干至碾散为止，按细粒土样预备程序进行。

第三节 试 样 制 备

一、原状土试样制备程序

（1）将土样筒按标明的上下方向放置，剥去蜡封和胶带，开启土样筒取出土样。检查土样结构，当确定土样已受扰动或取土质量不符合规定时，不应制备力学性质实验的试样。

（2）根据实验要求用环刀切取试样时，应在环刀内壁涂一薄层凡士林，刃口向下放在土样上，将环刀垂直下压，并用切土刀沿环刀外侧切削土样，边压边削至土样高出环刀，根据试样的软硬采用钢丝锯或切土刀整平环刀两端土样，擦净环刀外壁，称环刀和土的总质量。

（3）从余土中取代表性试样测定含水率。比重、颗粒分析、界限含水率等项目实验的取样按以下方式进行：对均质和含有机质的土样，宜采用天然含水率状态下代表性土样，供颗粒分析、界限含水率实验；对非均质土应根据实验项目取足够数量的土样，置于通风处晾干至可碾散为止；对砂土和进行比重实验的土样宜在 105～110℃温度下烘干，对有机质含量超过 5%的土、含石膏和硫酸盐的土，应在 65～70℃温度下烘干。

（4）切削试样时，应对土样的层次、气味、颜色、夹杂物、裂缝和均匀性进行描述，对低塑性和高灵敏度的软土，制样时不得扰动。

二、扰动土试样制备程序

1. 一般要求

（1）根据工程和设计的要求，将扰动土制备成所需的试样供进行湿化、膨胀、渗透、压缩及剪切等实验用。

（2）试样制备的数量应根据实验需要而定，一般应多制备 1～2 个备用。制备试样密度、含水率与制备标准之差值应分别在±0.02g/cm^3 与 1%范围以内，平行实验或一组内各试样间之差值分别要求在 0.02g/cm^3 与 1%以内。

（3）扰动土试样的制备，视工程实际情况，分别采用击样法、击实法和压样法。

2. 击样法

（1）根据环刀的容积及所要求的干密度，含水率按计算干土质量式（2-1）及计算土样制备含水率所加水量式（2-2）计算的用量，制备湿土样。

$$m_d = \frac{m}{1 + 0.01w_0} \qquad (2-1)$$

式中 m_d ——干土质量，g；

m ——风干土质量（或天然湿土质量），g；

w_0 ——风干含水率（或天然含水率），%。

$$m_\omega=\frac{m}{1+0.01w_0}\times 0.01(w'-w_0) \tag{2-2}$$

式中 m_ω——土样所需加水质量，g；

m——风干含水率时的土样质量，g；

w_0——风干含水率，%；

w'——土样所要求的含水率，%。

（2）将湿土倒入预先装好的环刀内，并固定在底板上的击实器内，用击实方法将土击入环刀内。

（3）取出环刀，称环刀、土总量，并符合扰动土试样制备的一般要求。

3. 击实法

（1）根据试样所要求的干密度含水率按式（2-1）和式（2-2）计算的用量，制备湿土样。

（2）选用击实筒，按照《击实试验》（SL 237-011—1999）击实程序，将土样击实到所需的密度，并用推土器推出。

（3）将实验用的切土环刀内壁涂一薄层凡士林，刃口向下，放在土样上。用切土刀将土样切削成稍大于环刀直径的土柱，然后，将环刀垂直向下压，边压边削，至土样伸出环刀上部为止，削去两端余土并修平，擦净环刀外壁，称环刀、土总量，精确至0.1g，并测定环刀两端所削下土样的含水率。

（4）试样制备应尽量迅速操作或在保湿间内进行，避免水分蒸发。

4. 压样法

按试样所要求的干密度、含水率，制备湿土样，并称出制备好的湿土样质量，精确至0.1g。将湿土倒入装有环刀的压样器内，采用静压力通过活塞将土样压紧到的所需密度，然后取出带有试样的环刀，称环刀和试样的总质量以及环刀两端所削下土样的含水率。

第四节 试 样 饱 和

土的孔隙逐渐被水填充的过程称为饱和，当孔隙被水充满时的土，称为饱和土。试样饱和方法视土的性质选用浸水饱和法、毛管饱和法及真空抽气饱和法三种。

粗粒土（砂类土）：可采用直接在仪器内对试样进行浸水饱和。

较易透水的黏性土：渗透系数大于 10^{-4}cm/s 的细粒土，可采用毛细管饱和法或采用浸水饱和法。

不易透水的黏性土：渗透系数小于、等于 10^{-4}cm/s 的细粒土，可采用真空抽气饱和法，如土的结构性较弱，抽气可能发生扰动，不宜采用。

一、毛细管饱和法

1. 仪器设备

（1）框式饱和器或重叠式饱和器（图 2-1）。

（2）水箱，带盖。

（3）天平，感量 0.1g。

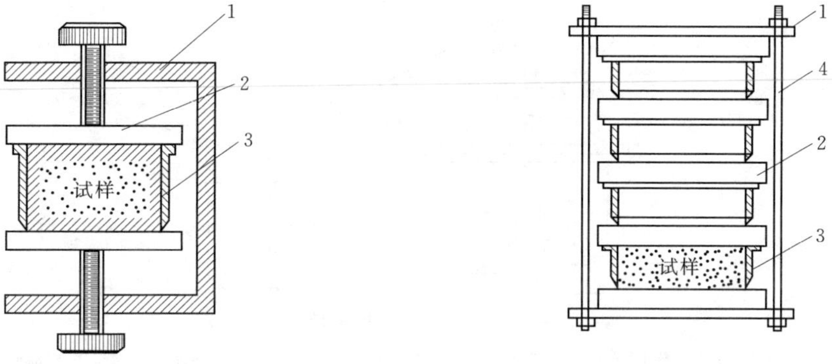

（a）框式饱和器　　　　（b）叠式饱和器

图 2-1　饱和器

1—夹板；2—透水板；3—环刀；4—拉杆

2. 操作步骤

（1）选用框式饱和器，在装有试样的环刀上、下两面分别放滤纸和透水石，装入饱和器内，并通过框架两端的螺丝将透水石、环刀夹紧。

（2）将装好试样的饱和器放入水箱内，注入清水，水面不宜将试样淹没，以使土中气体得以排出。

（3）关上箱盖，防止水分蒸发，浸水时间不得少于两昼夜，以使试样充分饱和。

（4）试样饱和后，取出饱和器，松开螺母，取出环刀擦干外壁，取下试样上下的滤纸，称环刀和试样的总质量，准确至 0.1g，并按式（2-3）计算试样的饱和度，当饱和度低于 95%时，应继续饱和。

$$S_r=\frac{(\rho-\rho_d)G_s}{e\rho_d}\quad 或\quad S_r=\frac{wG_s}{e}\tag{2-3}$$

式中　S_r——饱和度，%；

ρ——饱和后的密度，g/cm^3；

ρ_d——土的干密度，g/cm^3；

e——土的孔隙比；

G_s——土粒比重；

w——饱和后的含水率，%。

二、真空抽气饱和法

1. 仪器设备

（1）真空饱和法装置如图 2-2 所示。

（2）天平。

2. 操作步骤

（1）选用重叠式或框式饱和器和真空饱和装置。在重叠式饱和器下夹板的正中，依次放置透水石、滤纸、带试样的环刀、滤纸、透水石，如此顺序重复，由下向上重叠到拉杆高度，将饱和器上夹板盖好后，拧紧拉杆上端的螺母，将各个环刀在上、下夹板间夹紧。

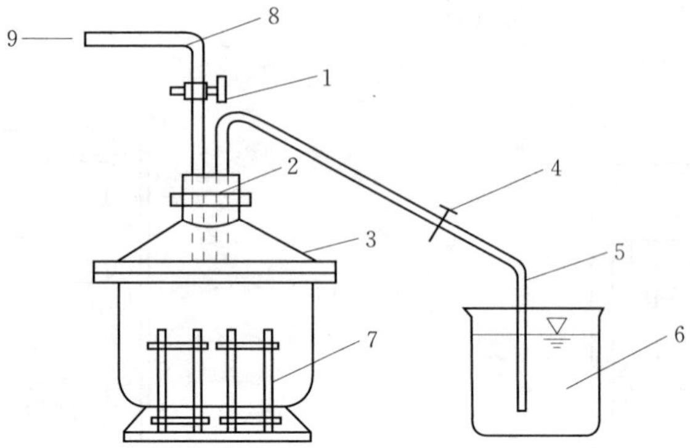

图 2-2　真空饱和法装置

1—二通阀；2—橡皮塞；3—真空缸；4—管夹；5—引水管；6—盛水器；7—饱和器；8—排气管；9—接抽气机

（2）将装有试样的饱和器放入真空缸内，真空缸和盖之间涂一薄层凡士林，并盖紧。

（3）将真空缸与抽气机接通，启动抽气机，当真空压力表读数接近当地一个大气压力值后，继续抽气不少于1h，然后微开管夹，使清水由引水管徐徐注入真空缸内。在注水过程中，微调管夹，以使真空气压力表读数基本保持不变。

（4）待水淹没饱和器后，即停止抽气，开管夹使空气进入真空缸，静止一段时间，对于细粒土，为10h左右，借助大气压力，从而使试样充分饱和。

（5）打开真空缸，从饱和器内取出带环刀的试样，称环刀和试样总质量，并计算试样的饱和度，当饱和度低于95%时，应继续抽气饱和。

思　考　题

（1）粗粒土和细粒土在预备程序上有何异同？

（2）原状土试样制备和扰动土试样制备程序分别是什么？

（3）试样饱和的方法有哪些？各有什么特点？其适用条件是什么？

第三章　含水率实验

第一节　概　　述

土的含水率是指土试样在温度105～110℃下烘到恒重时所失去的水分重量与达到恒重后干土重量的比值，以百分数表示。含水率是土体的基本实验指标之一，它反映土的干、湿状态，只能通过实验测定。含水率的变化将使土物理力学性质发生一系列变化，它可使土变成半固态、可塑状态或流动状态，可使土变成稍湿状态、很湿状态或饱和状态，也可造成土在压缩性和稳定性上的差异。含水率还是计算土的干密度、孔隙比、饱和度、液性指数等不可缺少的依据，与土粒比重、天然密度合称为土的直接实验指标，是确定土的其他物理指标的重要基础实验指标。

测定土含水率的方法有多种，如烘干法、酒精燃烧法、比重法、碳化钙气压法、炒干法、实容积法等，室内实验以烘干法为标准方法，野外如无烘箱设备或需要快速测定含水率时，可依据土的性质和工程情况采用酒精燃烧法、比重法等。在此仅介绍烘干法和酒精燃烧法。

第二节　烘　干　法

一、实验目的

测定土的含水率，以了解土的含水情况，供计算土的空隙比、液性指数、饱和度和其他物理力学性质指标。土的含水率是不可缺少的一个基本指标。

二、实验原理

含水率反映土的状态，含水率的变化将使土的一系列物理力学性质指标随之而异。这种影响表现在各个方面，如反映在土的稠度方面，使土成为坚硬的、可塑的或流动的；反映在土内水分的饱和程度方面，使土成为稍湿、很湿或饱和的；反映在土的力学性质方面，能使土的结构强度增加或减小，紧密或疏松，构成压缩性及稳定性的变化。测定含水率的方法有烘干法、酒精燃烧法、炒干法、微波法等。

三、实验设备

（1）烘箱：采用电热烘箱或温度能保持在105～110℃的其他能源烘箱。

（2）天平：称量500g，分度值0.01g。

（3）铝盒：根据所用铝盒号码可从实验室查出其重量。

（4）干燥器：通常使用附有氯化钙干燥剂的玻璃干燥缸。

（5）其他：玻璃称量瓶、削土刀、匙、玻璃板或盛土容器等。

四、操作步骤

（1）从原状或扰动土样中，选取具有代表性的试样约15～30g（有机质土、砂类土和整体状构造冻土为50g)，放入擦净的铝盒内，立即盖好铝盒盖，然后称盒加湿土 m_0+m，并记下铝盒号码，称量准确至0.01g。

(2) 打开盒盖放入烘箱内，在恒温105～110℃下烘至恒量（即试样的重量不再改变）。对黏性土，烘干时间不得少于8h；对砂性土，烘干时间不得少于6h；对含有机质超过干土质量5%的土，应将温度控制在65～70℃的恒温下烘至恒重。然后将铝盒取出放在干燥器内冷却至室温。

(3) 从干燥器内取出土样，盖好盖后。称盒加干土质量 m_0+m_s，精确至0.01g。

五、计算公式及成果整理

1. 计算

按式（3－1）计算含水率。

$$w=\frac{(m_0+m)-(m_0+m_s)}{(m_0+m_s)-m_0}\times 100\%=\frac{m-m_s}{m_s}\times 100\% \tag{3-1}$$

式中　m_0+m——铝盒加湿土质量，g；

m_0+m_s——铝盒加干土质量，g；

m_0——铝盒质量，g（根据盒号由实验室制好的表中查得）；

w——含水率，%（计算精确至0.1%）。

2. 精密度和允许差

本实验需进行两次平行测定，取其算术平均值，允许平行差值应符合表3－1规定。

表3－1　　含水率测定的允许平行差值

含水率	允许平行差值（%）	含水率	允许平行差值（%）
5%以下	0.3	40%以上	≤2
40%以下	≤1	层状和网状构造的冻土	<3

六、实验记录

本实验记录格式见表3－2。

表3－2　　含 水 率 实 验 记 录

实验名称＿＿＿＿＿＿　　实验者＿＿＿＿＿＿

试样编号＿＿＿＿＿＿　　计算者＿＿＿＿＿＿

实验日期＿＿＿＿＿＿　　校核者＿＿＿＿＿＿

盒号	盒质量 m_0 (g)	盒加湿土质量 m_0+m (g)	盒加干土质量 m_0+m_s (g)	水质量 $m-m_s$ (g)	干土质量 m_s (g)	含水率（%）	
						单值	平均值

七、注意事项

(1) 打开试样后应立即称湿土质量，以免水分蒸发。

（2）烘干的试样应冷却后再称量，以防止热土吸收空气中的水分，避免天平受热不均影响称量精度。

（3）土样必须按要求烘至恒重，否则会影响测试精度。

（4）称重时精确至小数点后两位。

第三节　酒精燃烧法

一、实验目的

在野外无烘箱等设备时，快速简易测定细粒土（含有机质的土除外）的含水率。

二、实验原理

酒精燃烧法的实验原理同烘干法。

三、实验设备

（1）称量盒：定期校正为恒定值。

（2）天平：称量200g，感量0.01g。

（3）酒精：纯度95%。

（4）其他：滴灌、火柴（打火机）、调土刀等。

四、操作步骤

（1）从土样中选取具有代表性的试样（黏性土5～10g，砂性土20～30g），放入称量盒内，立即盖上盒盖，按烘干法规定称盒加湿土质量，精确至0.01g。

（2）打开盒盖，用滴管将酒精注入放有试样的称量盒内，直至盒中出现自由液面为止，并使酒精在试样中充分混合均匀。

（3）将盒中酒精点燃，并烧至火焰自然熄灭。

（4）将试样冷却数分钟后，按上述方法再重复燃烧2次，当第3次火焰熄灭后，立即盖上盒盖，称盒加干土质量，准确至0.01g。

五、计算公式及成果整理

（1）计算。按式（3-1）计算含水率。

（2）精密度和允许差。本实验需进行两次平行测定，取其算术平均值，允许平行差值应符合表3-1规定。

六、实验记录

实验记录格式见表3-2。

思　考　题

（1）什么是土的含水率？其测定方法有几种？各自的有什么适用条件？

（2）烘干法测土样含水率时，应怎样控制温度？为什么？

（3）刚从恒温箱取出的土样能否立即称重？

（4）黏性土和砂土在烘干时间上有何规定？为什么？

第四章　密　度　实　验

第一节　概　　述

土的密度是指土的单位体积质量，是土的基本物理性质指标之一，其单位为 g/cm^3。土的密度反映了土体结构的松紧程度，是计算土的自重应力、干密度、孔隙比、孔隙率、饱和度等指标的重要依据，也是挡土墙压力计算、土坡稳定性验算、地基承载力和沉降量估算以及路基路面施工填土压实度控制的重要指标之一。

当用国际单位制计算土的重力时，由土的质量产生的单位体积的重力称为重力密度 γ，简称重度，其单位是 kN/m^3。重度由密度乘以重力加速度求得，即 $\gamma=\rho g$。

土的密度一般是指土的湿密度 ρ，相应的重度称为湿重度 γ，除此以外还有土的干密度 ρ_d、饱和密度 ρ_{sat} 和有效密度 ρ'，相应的有干重度 γ_d、饱和重度 γ_{sat} 和有效重度 γ'。

密度实验对容易成型的黏性土采用环刀法，土样易破裂难以切削的可用蜡封法，无机结合料稳定细粒土和硬塑土采用电动取土器法，现场测定粗粒土和巨粒土采用灌水法，现场测定细粒土、砂类土和砾类土采用灌砂法。

第二节　环　刀　法

一、实验目的

测定土在天然状态下单位体积的质量（密度），了解土的疏密和干湿状态，供换算土的其他物理力学指标和工程设计使用。

二、实验原理

环刀法是采用一定体积环刀切取土样并称土质量的方法，环刀内土的质量与体积之比即为土的密度。

三、实验设备

（1）恒质量环刀：内径 61.8mm 或 79.8mm，高 20mm，壁厚 1.5mm。

（2）天平：称量 500g，感量 0.01g。

（3）其他：切土刀、钢丝锯、凡士林、毛玻璃和圆玻璃片等。

四、操作步骤

（1）量测环刀：取出环刀，称出环刀的质量，并涂一薄层凡士林。

（2）切取土样：根据实验需要，取原状土或人工制备所需要的扰动土样，将环刀的刀刃向下放在土样上，然后用手将环刀垂直下压，边压边削，至土样上端伸出环刀为止，根据试样的软硬程度，采用钢丝锯或修土刀将两端余土削去修平，并及时在两端盖上圆玻璃片，以免水分蒸发。

(3) 土样称量：擦净环刀外壁，拿去圆玻璃片，称出环刀和土的质量，精确至0.1g。

五、计算公式及成果整理

试样的湿密度按式（4-1）计算。

$$\rho=\frac{m}{V}=\frac{m_1-m_2}{V} \tag{4-1}$$

试样的干密度按式（4-2）计算。

$$\rho_d=\frac{\rho}{1+0.01w} \tag{4-2}$$

上两式中 ρ——密度，g/cm^3；

ρ_d——干密度，g/cm^3；

m——湿土质量，g；

m_1——环刀加湿土质量，g；

m_2——环刀质量，g；

V——环刀体积，cm^3；

w——含水率，%。

密度实验计算精确至 $0.01g/cm^3$。

密度实验需进行两次平行测定，其平行差值不得大于 $0.03g/cm^3$，取其算术平均值。

六、实验记录

本实验记录格式见表4-1。

表4-1　密度实验记录（环刀法）

实验名称____________ 实验者____________

试样编号____________ 计算者____________

实验日期____________ 校核者____________

土样编号	环刀号	环刀加湿土质量 m_1 (g)	环刀质量 m_2 (g)	湿土质量 m (g)	环刀体积 V (cm^3)	密度 ρ (g/cm^3)	
						单值	平均值

七、注意事项

(1) 称取环刀前，擦净环刀外壁。

(2) 应严格按照实验步骤用环刀取土样，不得急于求成，用力过猛或图省事削成土柱，这样易使土样开裂扰动，结果事倍功半。

（3）用环刀切土时，要防止试样扰动，应先切成一个较环刀内径略大的土柱，然后将环刀垂直下压。

（4）为避免环刀下压时挤压四周土样，应边压边削，直到土样伸出环刀，将两端修平。

（5）如果使用电子天平称重则必须预热，称重时精确至小数点后两位。

第三节 蜡 封 法

一、实验目的

蜡封法的实验目的同环刀法。

二、实验原理

蜡封法是将已知质量的土块浸入融化的石蜡中，使试样有一层蜡的外壳，保持其完整外形，通过分别称得带有蜡壳的土样在空气中和水中的重量，根据阿基米德原理，计算出试样体积，便可以求得土的密度。

三、实验设备

（1）蜡封设备：熔蜡加热器、烧杯、细线、针等。

（2）浮秤天平：称量 2000g，感量 0.5g，如图 4－1所示。

（3）其他：石蜡、切土刀、温度计等。

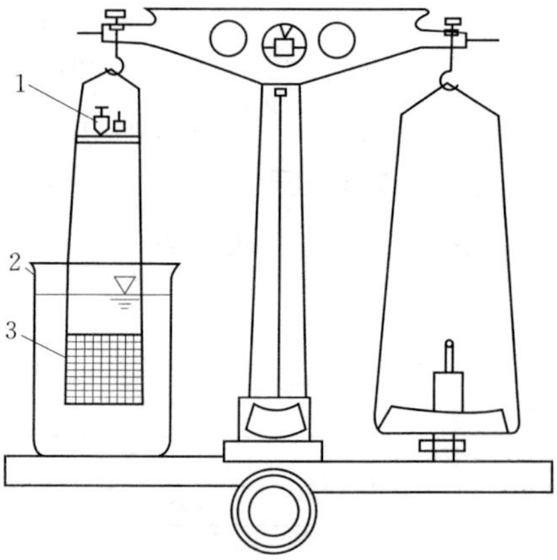

图 4－1 浮秤天平

1—平衡砝码；2—盛水容器；3—盛粗粒土的铁丝筐

四、操作步骤

（1）用切土刀切取体积大于 $30cm^3$ 的代表性试样，削除试件表面的松、浮土以及尖锐棱角，系上细线，在天平上称试件质量 m_0，准确至 0.01g。

（2）将石蜡加热至刚过熔点，用细线系住试件浸入蜡液，浸没后立即提出，使试件表面覆盖一层薄且严密的石蜡，若试件蜡膜上有气泡，应用热针刺破气泡，再用蜡液填充针孔，涂平孔口。

（3）待冷却后，在天平上称蜡封试样质量 m_n， 精确至 0.01g。

（4）用细线将蜡封试样置于天平一端，使其浸浮在盛有蒸馏水的烧杯中，注意试件不要接触烧杯壁，称蜡封试样在蒸馏水中的质量 m_{nw}， 精确至 0.01g，并测量蒸馏水的温度。

（5）从水中取出蜡封试样，擦干石蜡表面水分，在空气中称其质量，将其与第(3) 步中所称质量 m_n 相比，若质量增加，表示水分进入试件中，若浸入水分质量超过 0.03g，应重做。

五、计算公式及成果整理

试样的湿密度按式（4－3）计算。

$$\rho = \frac{m_0}{\dfrac{m_n - m_{nw}}{\rho_{wT}} - \dfrac{m_n - m_0}{\rho_n}} \tag{4-3}$$

式中　ρ——湿密度，g/cm^3；

m_0——试样质量，g；

m_n——蜡封试样质量，g；

m_{nw}——蜡封试样在蒸馏水中的质量，g；

ρ_{wT}——蒸馏水在温度 T 时的密度，g/cm^3；

ρ_n——蜡的密度，g/cm^3（一般为 $0.92g/cm^3$）。

试样的干密度按式（4-2）计算。

蜡封法测定密度同样要进行平行实验，其误差与环刀法相同。

六、实验记录

密度实验记录（蜡封法）见表 4-2。

表 4-2　　密度实验记录（蜡封法）

实验名称____________　　实验者____________

试样编号____________　　计算者____________

实验日期____________　　校核者____________

试样编号	试样质量（g）	蜡封试样质量（g）	蜡封试样水中质量（g）	温度（℃）	蒸馏水在 T 时的密度（g/cm^3）	蜡封试样体积（cm^3）	蜡体积（cm^3）	试样体积（cm^3）	湿密度（g/cm^3）	含水率（%）	干密度（g/cm^3）	平均密度（g/cm^3）

七、注意事项

（1）关于蜡的温度规定：刚过熔点是指蜡液达到熔点以后不出现气泡。蜡液温度过高，对试样的含水率和结构都会造成一定的影响；温度过低，则蜡液溶解不均匀，不易封好蜡皮。

（2）蜡封时，应缓慢地将试样浸入蜡液中，避免土样的扰动和有气泡封闭在试样与石蜡之间。

（3）在实验中应测定水温，水的密度随温度而变化，其密度也在变化，对实验结果有一定的影响。

（4）试样应一次徐徐浸没在蜡液中，避免易碎试样扰动和气泡封闭在土与石蜡中间。

第四节　灌　水　法

一、实验目的

灌水法的实验目的同环刀法，灌水法主要适用于现场测定粗粒土的密度。

二、实验原理

灌水法是现场快速测试试样密度的一种方法，利用称出的试样质量和量出的水体积的比值得出试样密度。

三、实验设备

（1）储水筒：直径应均匀，并附有刻度及出水管。

（2）台秤：称量 50kg，感量 10g。

（3）其他：小铲、盛土容器、环套、塑料袋等。

四、操作步骤

（1）根据试样最大直径，确定试坑尺寸，试坑尺寸可参见表 4-3。

（2）将选定实验处的试坑地面整平，除去表面松散的土层。

（3）按确定的试坑直径划出坑口轮廓线，在轮廓线内下挖至要求深度，边挖边将坑内的试样装入盛土容器内，称试样质量，精确到 10g，并应测定试样的含水率。

（4）试坑挖好后，放上相应尺寸的环套，用水准尺找平，将大于试坑容积的塑料薄膜袋平铺于试坑内，翻过环套压住薄膜四周。

（5）记录储水筒内初始水位高度，拧开储水筒出水管开关，将水缓慢注入塑料薄膜袋中。当袋内水面接近环套边缘时，将水流调小，直至袋内水面与环套边缘齐平时关闭出水管，持续 3～5min，记录储水筒内水位高度。当袋内出现水面下降时，应另取塑料袋重做实验。

表 4-3　　试　坑　尺　寸　　单位：mm

试样最大粒径	试坑尺寸	
	直径	深度
5～20	150	200
40	200	250
60	250	300

五、计算公式及成果整理

试坑的体积按式（4-4）计算。

$$V_p = (H_1 - H_2) \times A_w - V_0 \tag{4-4}$$

式中　V_p——试坑体积，cm^3；

H_1——储水筒内初始水位高度，cm；

H_2——储水筒内注水终了时水位高度，cm；

A_w——储水筒断面面积，cm^2；

V_0——环套体积，cm^3。

试样的密度按式（4-5）计算。

$$\rho_0 = \frac{m_p}{V_p} \tag{4-5}$$

式中　m_p——试坑内取出的试样质量，g；

V_p——试坑体积，cm^3。

六、实验记录

密度实验记录（灌水法）见表 4-4。

表 4-4　　密度实验记录（灌水法）

实验名称______________　实验者______________

试样编号______________　计算者______________

实验日期______________　校核者______________

试件编号	储水筒水位（cm）		储水筒断面面积（cm^2）	试坑体积（cm^3）	试样质量（g）	湿密度（g/cm^3）	含水率（%）	干密度（g/cm^3）	试样干重度（N/cm^3）
	初始	终了							

七、注意事项

（1）开挖试坑要特别小心，避免周围土移动使试坑体积减小，造成测得密度偏高。

（2）试坑内已松动的颗粒应全部取出。

（3）试坑开挖深度控制在 20～30cm。

（4）如需测土的干密度，需将挖出的试样带回实验室烘干，测其干密度。

第五节　灌　砂　法

一、实验目的

灌砂法的实验目的同环刀法，主要适用于现场测定细粒土、砂类土和砾类土的密度。

二、实验设备

（1）灌砂筒：金属圆筒（可用白铁皮制作）的内径为 100mm，总高 350mm。灌砂筒主要分两部分：上部为储砂筒，筒深 270mm（容积约 2120cm^3），筒底中心有一个直径 10mm 的圆孔；下部装一倒置的圆锥形漏斗，漏斗上端开口直径为 10mm，并焊接在一块直径 100mm 的铁板上，铁板中心有一直径 10mm 的圆孔与漏斗上开口相接。在储砂筒筒底与漏斗顶端铁板之间设有开关。开关为一薄铁板，一端与筒底及漏斗铁板铰接在一起，另一端伸出筒身外，开关铁板上也有一个直径 100mm 的圆孔。将开关向左移动时，开关铁板上的圆孔恰好与筒底圆孔及漏斗上开口相对，即三个圆孔在平面上重叠在一起，砂可通过圆孔自由落下。将开关向右移动时，开关将筒底圆孔堵塞，砂即停止下落。灌砂筒的型式和主要尺寸如图 4-2 所示。

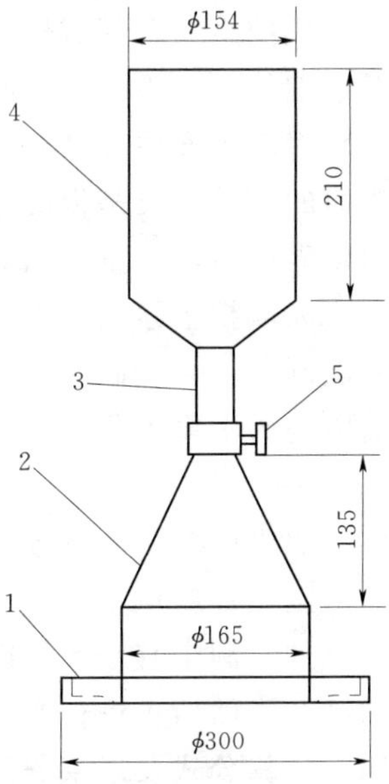

图 4-2　灌砂筒结构（单位：mm）

1—底盘；2—灌砂漏斗；3—螺纹接头；4—容砂瓶；5—阀门

（2）金属标定罐：内径 100mm，高 150mm 和 200mm 的金属罐各一个，上端周围有一罐缘。遇到试坑不是 150mm 或 200mm 时，标定罐的深度应该与拟挖试坑深度相同。

（3）基板：一个边长 350mm，深 40mm 的金属方盘，盘中心有一直径 100mm 的圆孔。

（4）打洞及从洞中取料的合适工具，如凿子、铁锤、长把勺、长把小簸箕、毛刷等。

（5）玻璃板：边长约 500mm 的方形板。

（6）饭盒：存放挖出的试样若干。

（7）台秤：称量 10～15kg，感量 5g。

（8）其他：铝盒、天平、烘箱等。

（9）量砂：粒径 0.25～0.5mm、清洁干燥的均匀砂，约 20～40kg。应先烘干，并放置足够时间，使其与空气的湿度达到平衡。

三、操作步骤

（1）在实验地点，选一块约 40cm×40cm 的平坦表面，并将其清扫干净。将基板放在此平坦表面上。如此表面的粗糙度较大，则将盛有量砂 m_5 的灌砂筒放在基板中间的圆孔上；打开灌砂筒开关，让砂流入基板的中孔内，直到储砂筒内的砂不再下流时关闭开关。取下罐砂筒，并称筒内砂的质量 m_6， 准确至 1g。

（2）取走基板，将留在实验地点的量砂收回，重新将表面清扫干净。将基板放在清扫干净的表面上，沿基板中孔凿洞，洞的直径 100mm。在凿洞过程中，应注意不使凿出的试样丢失，并随时将凿松的材料取出，放在已知质量的塑料袋内，密封。试洞的深度应等于碾压层厚度。凿洞毕，称此塑料袋中全部试样质量，精确至 1g。减去已知塑料袋质量后，即为试样的总质量 m_t。

（3）从挖出的全部试样中取有代表性的样品，放入铝盒中，测定其含水量 w 。样品数量：对于细粒土，不少于 100g；对于粗粒土，不少于 500g。

（4）将基板安放在试洞上，将灌砂筒安放在基板中间（储砂筒内放满砂至恒量 m_1），使灌砂筒的下口对准基板的中孔及试洞。打开灌砂筒开关，让砂流入试洞内，关闭开关。仔细取走灌砂筒，称量筒内剩余砂的质量 m_4，准确至 1g。

（5）如清扫干净的平坦的表面上，粗糙度不大，则不需放基板，将罐砂筒直接放在已挖好的试洞上。打开筒的开关，让砂流入试洞内。在此期间，应注意勿碰动灌砂筒。直到储砂筒内的砂不再下流时，关闭开关。仔细取走灌砂筒，称量筒内剩余砂的质量 m'_4，准确至 1g。

（6）取出试洞内的量砂，以备下次实验时再用。若量砂的湿度已发生变化或量砂中混有杂质，则应重新烘干，过筛，并放置一段时间，使其与空气的湿度达到平衡后再用。

（7）如试洞中有较大孔隙，量砂可能进入孔隙时，则应按试洞外形，松弛地放入一层柔软的纱布。然后再进行灌砂工作。

四、计算公式及成果整理

1. 确定灌砂筒下部圆锥体内砂的质量

（1）在储砂筒内装满砂。筒内砂的高度与筒顶的距离不超过 15mm。称筒内砂的质量 m_1，精确至 1g。每次标定及而后的实验都维持这个质量不变。

（2）将开关打开，让砂流出，并使流出砂的体积与工地所挖试洞的体积相当（或等于标定罐的容积），然后关上开关，并称量筒内砂的质量 m_5，准确至 1g。

（3）将灌砂筒放在玻璃板上。打开开关，让砂流出，直到筒内砂不再下流时，关上开关，并细心地取走罐砂筒。

（4）收集并称量留在玻璃板上的砂或称量筒内的砂，精确至 1g。玻璃板上的砂就是填满灌砂筒下部圆锥体的砂。

（5）重复上述测量，至少 3 次。最后取其平均值 m_2，精确至 1g。

2. 确定量砂的密度 ρ_s（g/cm^3）

（1）用水确定标定罐的容积 V（cm^3），方法如下。

1）将空罐放在台秤上，使罐的上口处于水平位置，读记罐质量 m_7，精确至 1g。

2）向标定罐中灌水，注意不要将水弄到台秤上或罐的外壁。将一直尺放在罐顶，当罐中水面快要接近直尺时，用滴管往罐中加水，直到水面接触直尺，移去直尺，读记罐和水的总质量 m_8。

3）重复测量时，仅需用吸管从罐中取出少量水，并用滴管重新将水加满到接触直尺。

4）标定罐的体积按式（4-6）计算。

$$V=\frac{m_8-m_7}{\rho_w} \tag{4-6}$$

式中 V——标定罐的体积，cm^3，精确至 0.01cm^3；

m_7——标定罐质量，g；

m_8——标定罐和水的总质量，g；

ρ_w——水的密度，g/cm^3。

（2）在储砂筒中装入质量为 m_1 的砂，并将罐砂筒放在标定罐上，打开开关，让砂流出，直到储砂筒内的砂不再下流时，关闭开关。取下罐砂筒，称筒内剩余的砂质量，准确至 1g。

（3）重复上述测量，至少三次，最后取其平均值 m_3，准确至 1g。

（4）按式（4-7）计算填满标定罐所需砂的质量 m_a。

$$m_a=m_1-m_2-m_3 \tag{4-7}$$

式中 m_a——砂的质量，g；

m_1——灌砂入标定罐前，筒内砂的质量，g；

m_2——灌砂筒下部圆锥体内砂的平均质量，g；

m_3——灌砂入标定罐后，筒内剩余砂的质量，g。

（5）按式（4-8）计算量砂的密度 ρ_s。

$$\rho_s=\frac{m_a}{V} \tag{4-8}$$

式中 ρ_s——砂的密度，g/cm^3，精确至 0.01g/cm^3；

V——标定罐的体积，cm^3；

m_a——砂的质量，g。

3. 结果整理

（1）按式（4-9a）计算填满试洞所需砂的质量。

灌砂时试洞上方有基板的情况：

$$m_p = m_1 - m_4 - (m_5 - m_6) \tag{4-9a}$$

灌砂时试洞上不放基板的情况：

$$m_b = m_1 - m'_4 - m_2 \tag{4-9b}$$

上两式中　m_b——砂的质量，g；

m_1——灌砂入试洞前筒内砂的质量，g；

m_2——灌砂筒下部圆锥体内砂的平均质量，g；

m_4、m'_4——灌砂入试洞后，筒内剩余砂的质量，g；

$m_5 - m_6$——灌砂筒下部圆锥体内及基板和粗糙表面间砂的总质量，g。

（2）按式（4－10）计算实验地点土的湿密度。

$$\rho = \frac{m_t}{m_p} \times \rho_s \tag{4-10}$$

式中　ρ——土的湿密度，g/cm³；

m_t——试洞中取出的全部土样的质量，g；

m_p——填满试洞所需砂的质量，g；

ρ_s——量砂的密度，g/cm³。

按式（4－2）计算土的干密度。

五、实验记录

实验的记录格式见表 4－5。

表 4－5　　密度实验记录表（灌砂法）

实验名称＿＿＿＿＿＿＿＿＿＿＿＿　　实验者＿＿＿＿＿＿＿＿＿＿＿＿

试样编号＿＿＿＿＿＿＿＿＿＿＿＿　　计算者＿＿＿＿＿＿＿＿＿＿＿＿

实验日期＿＿＿＿＿＿＿＿＿＿＿＿　　校核者＿＿＿＿＿＿＿＿＿＿＿＿

灌砂后灌砂筒内剩余砂的质量 m_4 (g)	试洞中湿土样质量 m_t (g)	试洞内砂质量 m_b (g)	试坑体积 (cm³)	湿密度 (g/cm³)	含水率测定								干密度 (g/cm³)
					盒号	盒加湿土质量 (g)	盒加干土质量 (g)	盒质量 (g)	干土质量 (g)	水质量 (g)	含水率 (%)	平均含水率 (%)	

六、注意事项

（1）试坑尺寸必须与试样粒径相配合，使所取的试样有足够的代表性，为此土力实验与试样最大粒径相对应的试坑尺寸，见表 4－6。

表 4-6 试坑尺寸 单位：mm

试样最大粒径	试坑尺寸	
	直径	深度
5～20	150	200
40	200	250
60	250	300

（2）开挖试坑要特别小心，避免周围土移动使试坑体积减小，造成测得密度偏高。

（3）试坑内已松动的颗粒应全部取出。

（4）用灌砂法测量试洞的容积时，标定罐的深度对砂的密度有影响。标定罐的深度减2.5cm，砂的密度约降低1%。

思 考 题

（1）何为密度？何为容重？

（2）什么是天然容重、饱和容重、干重度、浮重度？各项指标有何意义？其大小关系如何？

（3）用环刀取土时，如何减小对土样的扰动？

（4）密度实验有几种方法？其适用条件和注意事项是什么？

第五章　土粒比重实验

第一节　概　述

土粒的相对密度是土在温度105～110℃下烘至恒重时的重量与同体积蒸馏水在4℃时重量的比值，在土力学中通常称为比重。它是土体的基本实验指标之一，只能通过实验测定，和含水率、密度合称为土的直接实验指标，是确定土的其他物理指标的重要基础实验指标。土粒比重是土粒所固有的属性所决定的，与土体所处状态无关。

按照土粒粒径的不同，分别采用下列方法进行比重测定。

（1）粒径小于5mm的土，用比重瓶法测定。

（2）粒径等于或大于5mm的土，其中含大于20mm颗粒不足10%时，用浮力法或浮称法进行。

（3）含大于20mm颗粒超过10%时，用虹吸管法进行。

在比重瓶法、浮称法和虹吸管法中，最常用的实验方法为比重瓶法。

第二节　比　重　瓶　法

一、实验目的

测定土的颗粒比重，为提供计算土的孔隙比、饱和度以及其他土的物理力学实验（如颗粒分析的比重计实验，压缩实验等）提供必需的数据。

二、实验原理

根据土粒粒径不同，土的比重实验可分别采用比重瓶法、浮称法或虹吸管法，对于粒径小于5mm的土，采用比重瓶法进行。比重瓶法就是由称好质量的干土放入盛满水的比重瓶的前后质量差异，来计算土粒的体积，从而进一步计算出土粒比重。

三、实验设备

（1）比重瓶：容量100mL或50mL，分长颈和短颈两种。

（2）天平：称量200g，感量0.001g。

（3）恒温水槽：准确度±1℃。

（4）砂浴：能调节温度。

（5）真空抽气设备。

（6）温度计：测量范围0～50℃，最小分度值0.5℃。

（7）其他：烘箱、纯水、中性液体（如煤油等）、孔径2mm及5mm筛、漏斗、滴管等。

四、操作步骤

1. 比重瓶校准

（1）将比重瓶洗净、烘干，置于干燥器内，冷却后称量2次，精确至0.001g，取其算术平均值，2次差值不得大于0.002g。

（2）将煮沸经冷却的纯水注入比重瓶。对长径比重瓶注水至刻度处，对短径比重瓶应注满纯水；塞紧瓶塞，多余水自瓶塞毛细管中溢出，将比重瓶放入恒温水槽直至瓶内水温恒定。取出比重瓶，擦干外壁，称瓶、水总质量，准确至0.001g。测定恒温水槽内水温，精确至0.5℃。重复上述步骤，测定2次，取其算术平均值，其平行差值不得大于0.002g。

（3）将恒温水槽水温以5℃级差调节，逐级测定不同温度下的瓶、水总质量。测定每个温度，均应进行2次平行测定，两次测定的差值不得大于0.002g。

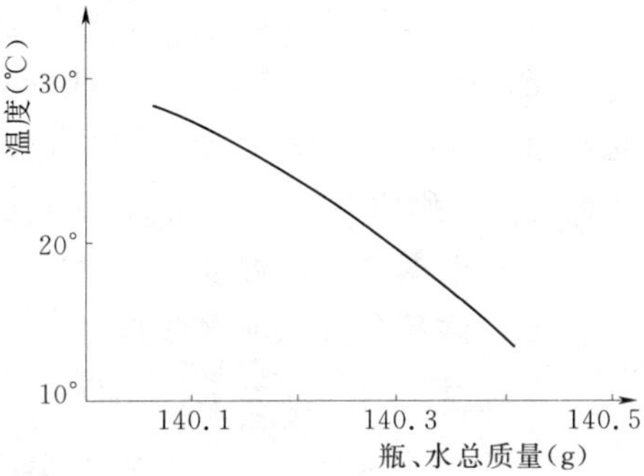

图5-1 比重瓶校正曲线

（4）将测定结果列表（表5-1），以瓶、水总质量为横坐标，温度为纵坐标，绘制温度与瓶、水总质量的关系曲线（图5-1）备用。

表5-1 **比重瓶校正记录表**

实验名称＿＿＿＿＿＿＿＿ 实验者＿＿＿＿＿＿＿＿

试样编号＿＿＿＿＿＿＿＿ 计算者＿＿＿＿＿＿＿＿

实验日期＿＿＿＿＿＿＿＿ 校核者＿＿＿＿＿＿＿＿

瓶　　号＿＿＿＿＿＿＿＿ 校正者＿＿＿＿＿＿＿＿

瓶　　重＿＿＿＿＿＿＿＿ 校核者＿＿＿＿＿＿＿＿

校正日期＿＿＿＿＿＿＿＿

温　度（℃）	瓶、水总质量（g）		平均瓶、水总质量（g）

2. 实验步骤

（1）将比重瓶烘干。装烘干试样15g入100mL比重瓶内（若用50mL的比重瓶，装烘干试样12g），称试样和瓶的总质量，精确至0.001g。

（2）在已装有干土的比重瓶内注入纯水至瓶的一半处，摇动比重瓶，并放在砂浴上煮沸，煮沸时间自悬液沸腾起砂土不应少于30min，黏土、粉土不得少于1h。沸腾后应调节砂浴温度，比重瓶内悬液不得溢出瓶外。对砂土宜用真空抽气法；对含有可溶盐、有机质和亲水性胶体的土必须用中性液体（煤油）代替纯水，采用真空抽气法排气，真空表读数宜接近当地一个大气负压值，抽气时间不得少于1h。（注：用中性液体，不能用煮沸法。）

（3）将煮沸经冷却的纯水（或抽气后的中性液体）注入装有试样悬液的比重瓶。当用长颈比重瓶时注纯水至刻度处；当用短颈比重瓶应将纯水注满，塞紧瓶塞，多余的水分自瓶塞毛细管中溢出。将比重瓶置于恒温水槽至温度稳定，且瓶内上部悬液澄清。取出比重瓶，擦干瓶外壁，称比重瓶、水、试样总质量，准确至0.001g。并应测定瓶内的水温，准确至0.5℃。

（4）根据测得的温度，从已绘制的温度与瓶、水总量关系中查得瓶水总质量。

五、计算公式及成果整理

按式（5-1）计算土粒比重。

$$G_s=\frac{m_d}{m_1+m_d-m_2}G_{wT} \tag{5-1}$$

式中 G_s——土粒比重，计算精确至0.001；

m_d——干土质量，g；

m_1——瓶、水总质量，g；

m_2——瓶、水、土总质量，g；

G_{wT}——温度为 T 时纯水的比重（可查物理手册），精确至0.001。

本实验需进行2次平行测定，其平行差值不得大于0.02，取其算术平均值。

六、实验记录

实验的记录格式见表5-2。

表5-2　　比重实验记录（比重瓶法）

实验名称＿＿＿＿＿＿＿＿　　实验者＿＿＿＿＿＿＿＿

试样编号＿＿＿＿＿＿＿＿　　计算者＿＿＿＿＿＿＿＿

实验日期＿＿＿＿＿＿＿＿　　校核者＿＿＿＿＿＿＿＿

试件编号	比重瓶号	温度（℃）	液体比重	比重瓶质量（g）	瓶及干土总质量（g）	干土质量（g）	瓶、液体总质量（g）	瓶、液体、土总质量（g）	与干土同体积的液体质量（g）	比重	平均值

七、注意事项

（1）称重前比重瓶的水位要加满至瓶塞的毛细管。

（2）称重时精确至0.001g。

第三节　浮　称　法

一、实验目的

浮称法的实验目的同比重瓶法。

二、实验设备

（1）金属网篮：孔径小于5mm，直径10～15cm，高10～20cm。

（2）盛水容器：尺寸应大于金属网篮。

（3）浮秤天平：称量2000g，感量0.5g，如图4－1所示。

（4）其他：烘箱、温度计、孔径5mm及20mm筛等。

三、操作步骤

（1）取代表性试样500～1000g，将试样表面清洗干净，浸入水中一昼夜后取出，放入金属网篮，并缓慢地将金属网篮浸没于水中，在水中摇动至试样中无气泡逸出。

（2）称金属网篮和试样在水中的质量，取出试样烘干，并称烘干试样质量。

（3）称金属网篮在水中的质量，并测定盛水容器内水温，精确至0.5℃

四、计算公式及成果整理

按式（5－2）计算土粒比重。即

$$G_s = \frac{m_d}{m_d - (m_{1s} - m'_1)} \times G_{wT} \tag{5-2}$$

式中　m_d——干土质量，g；

m_{1s}——金属网篮和试样在水中的质量，g；

m'_1——金属网篮在水中质量，g；

G_{wT}——温度为T时纯水的比重（可查物理手册），精确至0.001g。

本实验须进行2次平行测定，其平行差值不得大于0.02，取其算术平均值。

五、实验记录

浮称法实验的记录格式见表5－3。

表5－3　　比重实验记录（浮称法）

实验名称＿＿＿＿＿＿＿＿　　实验者＿＿＿＿＿＿＿＿

试样编号＿＿＿＿＿＿＿＿　　计算者＿＿＿＿＿＿＿＿

实验日期＿＿＿＿＿＿＿＿　　校核者＿＿＿＿＿＿＿＿

试样编号	金属网篮号	温度（℃）	水的比重（查表）	干土质量（g）	金属网篮加试样水中质量（g）	金属网篮在水中质量（g）	试样在水中质量（g）	比重	平均值

六、注意事项

（1）浮称法与浮力法的基本原理一样，其主要区别是称质量的设备不同，浮称法用的是浮秤天平，浮力法用的是电子天平。

（2）颗粒大于5mm的砾石、碎石等粗粒，颗粒本身有孔隙存在，孔隙又分封闭的与开敞的两部分。浸水时开敞部分为水所填充，封闭部分水不能浸入，因此，粗粒相对密度的种类通常以视相对密度、干相对密度、饱和面干相对密度和比重4种方法来表示。

（3）浮称法所测结果较为稳定，但大于20mm的粗粒较多时，采用本方法将增加实验设备，室内使用不便。因此，规定粒径大于5mm的试样中，大于或等于20mm颗粒含量小于10%时，用浮称法。

（4）天然土常为粗细颗粒混合而成，对这类土的相对密度应区别情况进行测定，以不影响精度为准则。当其中大于5mm的粗粒含量较少时，可直接用比重瓶法一次测定，也允许将少量大于5mm的颗粒打碎拌和均匀后取样，颗粒打碎有助于排除孔隙里的空气。当其中大于5mm的粗粒含量较多时，根据实际情况分别用浮称法和比重瓶法，然后取加权平均值。可按式（5－3）进行计算。

$$G_{sm}=\frac{P_1G_{s1}+P_2G_{s2}}{100} \tag{5-3}$$

式中　G_{sm}——土颗粒平均相对密度，计算精确至0.001；

G_{s1}——粒径大于、等于5mm的土颗粒相对密度；

G_{s2}——粒径小于5mm的土颗粒相对密度；

P_1——粒径大于、等于5mm的土颗粒质量占试样总质量的百分比，%；

P_2——粒径小于5mm的土颗粒质量占试样总质量的百分比，%。

思考题

（1）什么是土的比重，有何用途？它与密度、重度有何异同？

（2）如何保证比重测定的精度？

（3）比重瓶法测定土的比重，比重瓶有何特点，使用时有何注意事项？

（4）为什么要用砂浴加热比重瓶？

第六章　颗 粒 分 析 实 验

第一节　概　　述

自然界中存在的土，都是由大小不同的土粒组成，属于三相介质，由固体颗粒、水和气所组成，其中决定土体性质的是固体颗粒。土体固体颗粒的主要特征是颗粒大小和矿物组成，而矿物组成与固体颗粒的大小也有关系，因此固体颗粒的大小是描述土体的工程性质的重要手段。土粒的粒径由粗到细逐渐变化时，土的性质相应地发生变化。

土粒的大小及其组成情况，通常以土中各个粒组的相对含量来表示，称为土的颗粒级配（粒度成分）。土的颗粒级配可以在一定程度上反映土的某些性质，级配良好的土密实度较好，相应地地基土的强度和稳定性也较好，透水性和压缩性也较小。根据颗粒的大小划分为若干组，叫做颗粒组，在实际工作中，常常根据土中各种粒组所占该土总质量的百分比数的方法，借以说明颗粒大小分配情形，供土的分类及粗略判断土的工程性质及建材选料之用。

按照土的颗粒大小及级配情况，分别用下列方法进行测定。

（1）筛析法（又称筛分法）：适用于粒径大于 0.075mm，不大于 60mm 的土。

（2）密度计法：适用于粒径小于 0.075mm 的土。

（3）移液管法：适用于粒径小于 0.075mm 的土。

若土中粗细兼有，则联合使用筛析法及密度计法或移液管法。

第二节　筛　析　法

一、实验目的

测定干土各粒组占该土总质量的百分数，以便了解土粒的组成情况，供砂类土的分类、判断土的工程性质及建材选料之用。

二、实验原理

土的颗粒组成在一定程度上反映了土的性质，工程上常依据颗粒组成对土进行分类，粗粒土主要是依据颗粒组成进行分类的，细粒土由于矿物成分、颗粒形状及胶体含量等因素，则不能单以颗粒组成进行分类，而要借助于塑性图或塑性指数进行分类。颗粒分析实验可分为筛析法和密度计法，对于粒径大于 0.075mm 的土粒可用筛析法测定，而对于粒径小于 0.075mm 的土粒则用密度计法来测定。筛析法是将土样通过各种不同孔径的筛子，并按筛子孔径的大小将颗粒加以分组，然后再称量并计算出各个粒组占总量的百分数。

三、实验设备

（1）分析筛：符合《试验筛》（GB 6003—85）的要求的实验筛。

1）粗筛：圆孔，孔径为60mm、40mm、20mm、10mm、5mm、2mm。

2）细筛：孔径为2.0mm、1.0mm、0.5mm、0.25mm、0.1mm、0.075mm。

（2）天平：称量5000g，感量1g；称量1000g，感量0.1g；称量200g，感量0.01g。

（3）台秤：称量5kg。

（4）振筛机：筛析过程中能上下振动，符合《实验室用标准振筛机技术条件》(GB 9909—88)的技术条件。

（5）其他：烘箱、研钵、瓷盘、毛刷、木碾等。

四、操作步骤

先用风干法制样，然后从风干松散的土样中，按表6-1称取代表性的试样，称量精确至0.1g，当试样质量超过500g时，称量应精确至1g。

表6-1　　取样数量

颗粒尺寸（mm）	<2	<10	<20	<40	<60
取样质量（g）	100～300	300～1000	1000～2000	2000～4000	4000以上

（一）无黏性土

（1）将按表6-1称取的试样过孔径为2mm的筛，分别称取留在筛子上和已通过筛子孔径的筛子下试样质量。当筛下的试样质量小于试样总质量的10%时，不作细筛分析；当筛上的试样质量小于试样总质量的10%时，不作粗筛分析。

（2）取2mm筛上的试样倒入依次叠好的粗筛的最上层筛中，进行粗筛筛析，然后再取2mm筛下的试样倒入依次叠好的细筛的最上层筛中，进行细筛筛析。细筛宜置于振筛机上进行振筛，振筛时间一般为10～15min。

（3）按由最大孔径的筛开始，顺序将各筛取下，称留在各级筛上及底盘内试样的质量，准确至0.1g。

（4）筛后各级筛上及底盘内试样质量的总和与筛前试样总质量的差值，不得大于试样总质量的1%。

（二）含有细粒土颗粒的砂土

（1）将按表6-1称取的代表性试样，置于盛有清水的容器中，用搅棒充分搅拌，使试样的粗细颗粒完全分离。

（2）将容器中的试样悬液通过2mm的筛，取留在筛上的试样烘至恒量，并称烘干试样质量，准确至0.1g。

（3）将粒径大于2mm的烘干试样倒入依次叠好的粗筛的最上层筛中，进行粗筛筛析。按由最大孔径的筛开始，顺序将各筛取下，称留在各级筛上及底盘内试样的质量，准确至0.1g。

（4）取通过2mm筛下的试样悬液，用带橡皮头的研杆研磨，然后再过0.075mm筛，并将留在0.075mm筛上的试样烘干至恒量，称烘干试样质量，准确至0.1g。

（5）将粒径大于 0.075mm 的烘干试样倒入依次叠好的细筛的最上层筛中，进行细筛筛析。细筛宜置于振筛机上进行振筛，振筛时间一般为 10～15min。

（6）当粒径小于 0.075mm 的试样质量大于试样总质量的 10％时，应采用密度计法或移液管法测定小于 0.075mm 的颗粒组成。

五、计算公式及成果整理

（1）小于某粒径的试样质量占试样总质量的百分比按式（6－1）计算。

$$X=\frac{m_A}{m_B}\times d_x \tag{6-1}$$

式中　X——小于某粒径的试样质量占试样总质量的百分比，％；

m_A——小于某粒径的试样质量，g；

m_B——细筛分析时为所取的试样质量；粗筛分析时为试样总质量，g；

d_x——粒径小于 2mm 的试样质量占试样总质量的百分比，％。

（2）制图。以小于某粒径的试样质量占试样总质量的百分比为纵坐标，颗粒粒径为横坐标，在单对数坐标上绘制颗粒大小分布曲线，如图 6－1 所示。

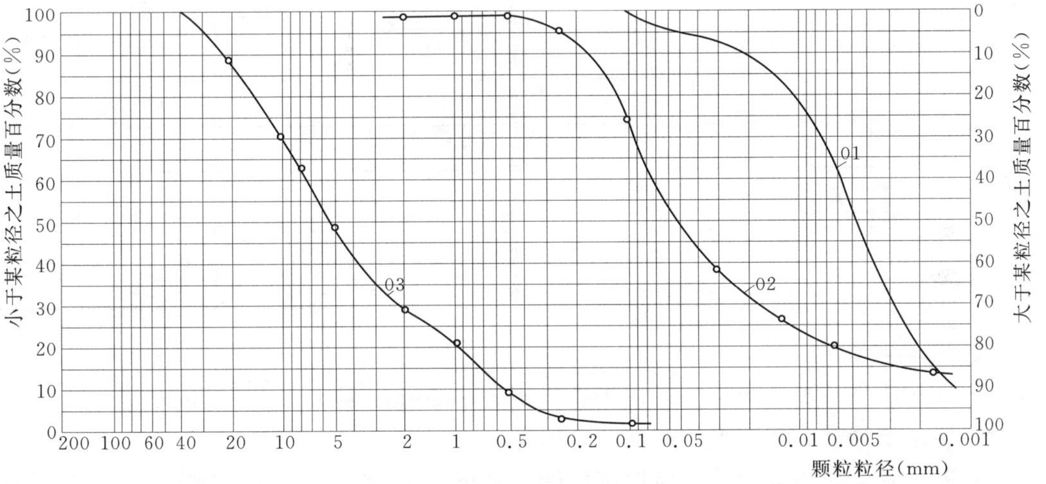

图 6－1　颗粒大小分配曲线

01、03—级配不良的土；02—级配良好的土

（3）必要时计算级配指标不均匀系数和曲率系数。

1）不均匀系数按式（6－2）计算。

$$C_u=\frac{d_{60}}{d_{10}} \tag{6-2}$$

式中　C_u——不均匀系数；

d_{60}——限制粒径，在颗粒大小分布曲线上小于该粒径的土含量占土总质量 60％的粒径；

d_{10}——有效粒径，在颗粒大小分布曲线上小于该粒径的土含量占土总质量 10％的粒径。

2）曲率系数按式（6－3）计算。

$$C_c = \frac{d_{30}^2}{d_{10} d_{60}} \tag{6-3}$$

式中　C_c——曲率系数；

d_{30}——在颗粒大小分布曲线上小于该粒径的土含量占土总质量30%的粒径。

六、实验记录

筛析法实验的记录格式见表6-2。

表6-2　颗粒分析实验记录（筛析法）

实验名称＿＿＿＿＿＿＿＿　实验者＿＿＿＿＿＿＿＿

试样编号＿＿＿＿＿＿＿＿　计算者＿＿＿＿＿＿＿＿

实验日期＿＿＿＿＿＿＿＿　校核者＿＿＿＿＿＿＿＿

筛前总土质量＿＿＿＿＿＿＿＿　小于2mm取试样质量＿＿＿＿＿＿＿＿

小于2mm土质量＿＿＿＿＿＿＿＿　小于2mm的土占总土质量百分数＿＿＿＿

孔径（mm）	累计留筛土质量（g）	小于该孔径的土质量（g）	小于该孔径土质量百分比（%）	占总质量百分比（%）	孔径（mm）	累计留筛土质量（g）	小于该孔径的土质量（g）	小于该孔径土质量百分比（%）	占总质量百分比（%）
60					2				
40					1				
20					0.5				
10					0.25				
5					0.075				

七、注意事项

（1）筛析法属机械分析法，适用于粒径不大于60mm且大于0.075mm的土。

（2）所选试样要有代表性，用四分法取样。

（3）随着筛孔径由大变小，所取试样的质量也可由大变小，但同时所用天平的精度要求也随之提高。

第三节　密度计法

一、实验目的

密度计法的实验目的同筛析法。

二、实验设备

（1）密度计：

1）甲种密度计：刻度－5～50℃，最小分度值为0.5℃。

2）乙种密度计（20℃/20℃）：刻度为0.995～1.020，最小分度值为0.0002。

（2）量筒：内径约60mm，容积1000mL，高约420mm；刻度0～1000mL，精确至10mL。

（3）洗筛：孔径 0.075mm。

（4）洗筛漏斗：上口直径大于洗筛直径，下口直径略小于量筒内径。

（5）天平：称量 1000g，感量 0.1g；称量 200g，感量 0.01g。

（6）搅拌器：轮径 50mm，孔径 3mm，杆长约 450mm，带螺旋叶。

（7）煮沸设备：附冷凝管装置。

（8）温度计：刻度 0～50℃，最小分度值 0.5℃。

（9）其他：秒表、锥形瓶（容积 500mL），研钵、木杵、电导率仪等。

本实验使用以下几种试剂。

（1）4%六偏磷酸钠溶液：溶解 4g 六偏磷酸钠 $(NaPO_3)_6$ 于 100mL 水中。

（2）5%酸性硝酸银溶液：溶解 5g 硝酸银（$AgNO_3$）于 100mL 的 10%硝酸（HNO_3）溶液中。

（3）5%酸性氯化钡溶液：溶解 5g 氯化钡（$BaCl_2$）于 100mL 的 10%盐酸（HCl）溶液中。

三、操作步骤

（1）实验的试样，宜采用风干试样。当试样中易溶盐含量大于 0.5%时，应洗盐。易溶盐含量的检验方法可用电导法或目测法。

1）电导法：按电导率仪使用说明书操作测定 T 时，试样溶液（土水比为 1∶5）的电导率，并按式（6-4）计算 20℃时的电导率。

$$K_{20}=\frac{K_T}{1+0.02T(T-20)} \tag{6-4}$$

式中　K_{20}——20℃时悬液的电导率，μS/cm；

K_T——T 悬液的电导率，μS/cm；

T——测定时悬液的温度，℃。

当 K_{20} 大于 2000μS/cm 时应洗盐。

注：K_{20} 大于 2000μS/cm 时应测定易溶盐含量。

2）目测法：取风干试样 3g 于烧杯中，加适量纯水调成糊状研散，再加纯水 25mL，煮沸 10min，冷却后移入试管中，放置过夜，观察试管，出现凝聚现象应洗盐。

3）洗盐方法：称取干土质量为 30g 的风干试样质量，精确至 0.01g，倒入 500mL 的锥形瓶中，加纯水 200mL，搅拌后用滤纸过滤或抽气过滤，并用纯水洗滤到滤液的电导率 K_{20} 小于1000μS/cm（或对 5%酸性硝酸银溶液和 5%酸性氯化钡溶液无白色沉淀反应）为止，滤纸上的试样按第 4 款步骤进行操作。

（2）称取具有代表性风干试样 200～300g，过 2mm 筛，求出筛上试样占试样总质量的百分比。取筛下土测定试样风干含水率。

（3）试样干质量为 30g 的风干试样质量按式（6-5）、式（6-6）计算。

当易溶盐含量小于 1%时

$$m_0=30\times(1+0.01\omega_0) \tag{6-5}$$

当易溶盐含量不小于 1%时

$$m_0=\frac{30\times(1+0.01\omega_0)}{1-W} \tag{6-6}$$

式中　W——易溶盐含量，%。

(4) 将风干试样或洗盐后在滤纸上的试样，倒入500mL锥形瓶，注入纯水200mL，浸泡过夜，然后置于煮沸设备上煮沸，煮沸时间宜为40min。

(5) 将冷却后的悬液移入烧杯中，静置1min，通过洗筛漏斗将上部悬液过0.075mm筛，遗留杯底沉淀物用带橡皮头研杵研散，再加适量水搅拌，静置1min，再将上部悬液过0.075mm筛，如此重复倾洗（每次倾洗，最后所得悬液不得超过1000mL）直至杯底砂粒洗净，将筛上和杯中砂粒合并洗入蒸发皿中，倾去清水，烘干，称量并进行细筛分析，计算各级颗粒占试样总质量的百分比。

(6) 将过筛悬液倒入量筒，加入4%六偏磷酸钠10mL，再注入纯水至1000mL。

注：对加入六偏磷酸钠后仍产生凝聚的试样应选用其他分散剂。

(7) 将搅拌器放入量筒中，沿悬液深度上下搅拌1min，取出搅拌器，立即开动秒表，将密度计放入悬液中，测记0.5min、0min、2min、5min、15min、30min、60min、120min和1440min时的密度计读数。每次读数均应在预定时间前10～20s，将密度计放入悬液中。且接近读数的深度，保持密度计浮泡处在量筒中心，不得贴近量筒内壁。

(8) 密度计读数均以弯液面上缘为准。甲种密度计应精确至0.5，乙种密度计应准确至0.0002。每次读数后，应取出密度计放入盛有纯水的量筒中，并应测定相应的悬液温度，精确至0.5℃，放入或取出密度计时，应小心轻放，不得扰动悬液。

四、计算公式及成果整理

(1) 小于某粒径的试样质量占试样总质量的百分比应按式（6-7）计算。

1) 甲种密度计。

$$X=\frac{100}{m_d}C_G(R+m_T+n-C_D) \tag{6-7}$$

式中　X——小于某粒径的试样质量百分比，%；

m_d——试样干质量，g；

C_G——土粒比重校正值，可查《土工试验方法标准》(GB/T 50123—1999)；

m_T——悬液温度校正值，可查《土工试验方法标准》(GB/T 50123—1999)；

n——弯月面校正值；

C_D——分散剂校正值；

R——甲种密度计读数。

2) 乙种密度计。

$$X=\frac{100V}{m_d}C'_G[(R'-1)+m'_T+n'+C'_D]\rho_{w20} \tag{6-8}$$

式中　C'_G——土粒比重校正值，查土粒比重校正表（表6-3）可得；

m'_T——悬液温度校正值，查温度校正值表（表6-4）可得；

n'——弯月面校正值；

C'_D——分散剂校正值；

R'——乙种密度计读数；

V——悬液体积（1000mL）；

ρ_{w20}——20℃纯水的密度（0.998232g/cm^3）。

表 6－3　　土粒比重校正表

土粒比重	比重校正值	
	甲种密度计 C_G	甲种密度计 C'_G
2.50	1.038	1.666
2.52	1.032	1.658
2.54	1.027	1.649
2.56	1.022	1.641
2.58	1.017	1.632
2.60	1.012	1.625
2.62	1.007	1.617
2.64	1.002	1.609
2.66	0.998	1.603
2.68	0.993	1.595
2.70	0.989	1.588
2.72	0.985	1.581
2.74	0.981	1.575
2.76	0.977	1.568
2.78	0.973	1.562
2.80	0.969	1.556
2.82	0.965	1.549
2.84	0.961	1.543
2.86	0.958	1.538
2.88	0.954	1.532

表 6－4　　温度校正值表　　单位:℃

悬液温度	甲种密度计温度校正值	乙种密度计温度校正值	悬液温度	甲种密度计温度校正值	乙种密度计温度校正值
10.0	－2.0	－0.0012	18.0	－0.5	－0.0003
10.5	－1.9	－0.0012	18.5	－0.4	－0.0003
11.0	－1.9	－0.0012	19.0	－0.3	－0.0002
11.5	－1.8	－0.0011	19.5	－0.1	－0.0001
12.0	－1.8	－0.0011	20.0	0.0	0.0000
12.5	－1.7	－0.0010	20.5	＋0.1	＋0.0001
13.0	－1.6	－0.0010	21.0	＋0.3	＋0.0002
13.5	－1.5	－0.0009	21.5	＋0.5	＋0.0003
14.0	－1.4	－0.0009	22.0	＋0.6	＋0.0004
14.5	－1.3	－0.0008	22.5	＋0.8	＋0.0005
15.0	－1.2	－0.0008	23.0	＋0.9	＋0.0006
15.5	－1.1	－0.0007	23.5	＋1.1	＋0.0007
16.0	－1.0	－0.0006	24.0	＋1.3	＋0.0008
16.5	－0.9	－0.0006	24.5	＋1.5	＋0.0009
17.0	－0.8	－0.0005	25.0	＋1.7	＋0.0010
17.5	－0.7	－0.0004	25.5	＋1.9	＋0.0011

（2）试样颗粒粒径应按式（6－9）计算。

$$d=\sqrt{\frac{1800\times10^4\eta}{(G_s-G_{wT})\rho_{wt}g}\times\frac{L}{t}} \tag{6-9}$$

式中　d——试样颗粒粒径，mm；

η——水的动力黏滞系数，kPa·s×10^{-6}；

G_{wT}——温度为 T 时水的相对密度；

G_s——土粒比重；

ρ_{wt}——4℃纯水的密度，g/cm^3；

L——某一时间内的土粒沉降距离，cm；

t——沉降时间，s；

g——重力加速度，cm/s^2。

（3）颗粒大小分布曲线，应前所述步骤绘制。当密度计法和筛析法联合分析时，应将试样总质量折算后绘制颗粒大小分布曲线；并应将两段曲线连成一条平滑的曲线，如图6－1所示。

五、实验记录

密度计法实验的记录格式见表6－5。

表6－5　颗粒分析实验记录（密度计法）

实验名称__________　实验者__________

试样编号__________　计算者__________

实验日期__________　校核者__________

风干土质量__________　干土总质量__________

小于0.075mm颗粒土质量百分数__________　密度计号__________

湿土质量__________　量筒号__________

含水率__________　烧瓶号__________

干土质量__________　土粒比重__________

含盐量__________　比重校正值__________

试样处理说明__________　弯液面校正值__________

下沉时间 t（min）	悬液温度 T（℃）	密度计读数 R_m	温度校正值 m_t	分散剂校正值 C_D	刻度及弯液面校正 n	$R=R_m+m_T+n-C_D$	$R_H=RC_G$	土粒沉降落距 L（cm）	粒径 d（mm）	小于某粒径的土质量百分数 X（%）
0.5										
1										
5										
15										
30										
60										
120										
1440										

六、注意事项

(1) 试样的状态。黏性土颗粒分析的结果，主要取决于分析时的试样状态、制备方法和分析方法等因素。试样通常分为天然湿度、风干和烘干三种状态。

(2) 试样的用量规定为 30g。

(3) 标准规定易溶盐含量大于 0.5%的试样，应进行洗盐。

思　考　题

(1) 什么是粒组？什么是级配？

(2) 什么是颗粒分析？有什么意义？

(3) 实验室进行颗粒分析的方法有几种？各有什么适用条件？

(4) 为什么要“四分法”取土样？

(5) 绘制级配曲线时有何注意事项？曲线的陡缓程度说明什么问题？

第七章　黏性土界限含水率实验

第一节　概　　述

黏性土最主要的特征是它的稠度，稠度是指黏性土在某一含水量下的软硬程度和土体对外力引起的变形或破坏的抵抗能力。当土中含水量很低时，水被土颗粒表面的电荷吸着于颗粒表面，土中水为强结合水，土呈现固态或半固态。当土中含水量增加，吸附在颗粒周围的水膜加厚，土粒周围除强结合水外还有弱结合水。弱结合水不能自由流动，但受力时可以变形，此时土体受外力作用可以被捏成任意形状，外力取消后仍保持改变后的形状，这种状态称为塑态。当土中含水量继续增加，土中除结合水外已有相当数量的水处于电场引力范围外，这时，土体不能受剪应力，呈现流动状态。实质上，土的稠度就是反应土体的含水量。

土从一种状态转变成另一种状态的界限含水量，称为稠度界限。工程上常用的稠度界限有液限和塑限。国际上称为阿太堡界限。土从流动状态转到可塑状态的界限含水率称为液限 ω_L；土从可塑状态转到半固体状态的界限含水率称为塑限 ω_P；土由半固体状态不断蒸发水分，则体积逐渐缩小，直到体积不再缩小时的界限含水率称为缩限 ω_S。

土的塑性指数 I_P 是指液限与塑限的差值，由于塑性指数在一定程度上综合反映了影响黏性土特征的各种重要因素，因此黏性土常按塑性指数进行分类。土的液性指数 I_L 是指黏性土的天然含水量和塑限的差值与塑性指数之比，液性指数可被用来表示黏性土所处的软硬状态，所以土的界限含水量是计算土的塑性指数和液性指数不可缺少的指标，土的界限含水量还是估算地基土承载力的一个重要依据。

实验室测定液限的常用方法有圆锥液限仪法、液塑限联合测定仪法和碟式仪法，前两种方法适用于粒径小于 0.5mm 以及有机质含量不大于试样总质量 5%的土；碟式仪法适用于粒径小于0.5mm的土。

塑限实验的方法主要有滚搓法和液限、塑限联合测定仪法。前者适用于粒径小于 0.5mm 的土；后者适用于粒径小于 0.5mm 以及有机质含量不大于试样总质量 5%的土。

第二节　液限、塑限联合测定法

一、实验目的

测定黏性土的液限 ω_L 和塑限 ω_P，并与液限实验和含水率实验结合，来计算黏性土的塑性指数 I_P 和液性指数 I_L，作为确定黏性土的分类、软硬程度及估算地基承载力的依据。

二、实验原理

液限、塑限联合测定法是根据圆锥仪的圆锥入土深度与其相应的含水率在双对数坐标上具有线性关系的特性来进行的。适用于粒径不大于0.5mm、有机质含量不大于试样总质量5%的土。实验利用圆锥质量为76g的液塑限联合测定仪测得土在不同含水率时的圆锥入土深度，并绘制其关系直线图，在图上查得圆锥下沉深度为17mm所对应的含水率即为液限（注土的定名采用圆锥下沉深度为10mm液限），查得圆锥下沉深度为2mm所对应的含水率即为塑限。

三、实验仪器、设备

（1）液塑限联合测定仪：如图7-1所示，包括带标尺的圆锥仪、电磁铁、屏幕、控制开关和试样杯。圆锥质量为76g，锥角为30°，试样杯内径为40mm，高度为30mm。

（2）天平：称量200g，分度值0.01g。

（3）其他：调土刀、筛（孔径0.5mm）、不锈钢杯、凡士林、蒸馏水、称量盒、烘箱、干燥器等。

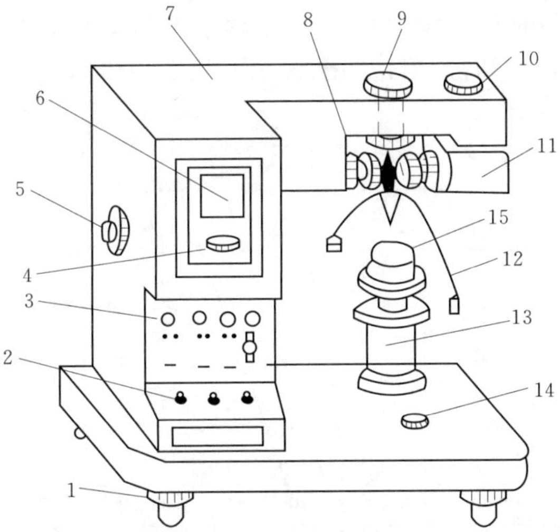

图7-1　光电式液塑限仪结构示意图

1—水平调节螺丝；2—控制开关；3—指示灯；4—零线调节螺钉；5—反光镜调节螺钉；6—屏幕；7—机壳；8—物镜调节螺钉；9—电池装置；10—光源调节螺钉；11—光源装置；12—圆锥仪；13—升降台；14—水平泡；15—盛土杯

四、操作步骤

（1）土样制备：当采用风干土样时，取通过0.5mm筛的代表性土样约200g，分成三份，分别放入不锈钢杯中，加入不同数量的水，然后按下沉深度约为4～5mm、9～11mm、15～17mm范围制备不同稠度的试样。

（2）装土入杯：将制备的试样调拌均匀，填入试样杯中，填满后用刮土刀刮平表面，然后将试样杯放在联合测定仪的升降座上。

（3）接通电源：在圆锥仪锥尖上涂抹一薄层凡士林，接通电源，使电磁铁吸住圆锥。

（4）测读深度：调整升降座，使锥尖刚好与试样面接触，切断电源使电磁铁失磁，圆锥仪在自重下沉入试样，经5s后测读圆锥下沉深度。

（5）测含水率：取出试样杯，测定试样的含水率。重复以上步骤，测定另两个试样的圆锥下沉深度和含水率。

五、计算及成果整理

1. 各试样的含水率计算

$$\omega=\frac{m_\omega}{m_s}\times 100\%=\frac{m_1-m_2}{m_2-m_0}\times 100\% \tag{7-1}$$

式中　ω——含水率，计算至0.1%；

m_0——盒质量，g；

m_1——盒加湿土质量，g；

m_2——盒加干土质量，g。

2. 图解法确定液限和塑限

以含水率为横坐标，圆锥下沉深度为纵坐标，在双对数坐标纸上绘制关系曲线，三点连一直线。当三点不在一直线上，可通过高含水率的一点与另两点连成两条直线，在圆锥下沉深度为2mm处查得相应的含水率。当两个含水率的差值不小于2%时，应重做实验。当两个含水率的差值小于2%时，用这两个含水率的平均值与高含水率的点连成一条直线（图7-2中的B线）。

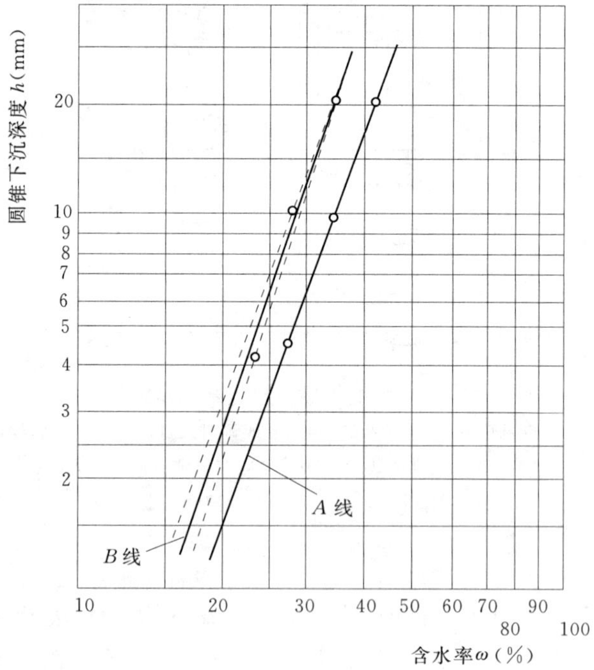

图7-2　圆锥入土深度与含水率关系图

在圆锥下沉深度与含水率的关系图上，查得下沉深度为17mm所对应的含水率为液限；查得下沉深度为2mm所对应的含水率为塑限。

3. 误差允许值

本实验应进行两次平行测定，两次测定的差值，当土样含水率小于40%时不得大于1%；当土样含水率不小于40%时不得大于2%。取两次实验结果的平均值作为土样塑限测定值。

六、实验记录

液限、塑限联合实验记录见表7－1。

表7－1　　液限、塑限联合实验记录表

实验名称＿＿＿＿＿＿＿＿　　实验者＿＿＿＿＿＿＿＿

试样编号＿＿＿＿＿＿＿＿　　计算者＿＿＿＿＿＿＿＿

实验日期＿＿＿＿＿＿＿＿　　校核者＿＿＿＿＿＿＿＿

试样编号	圆锥下沉深度（mm）	盒号	盒质量 m_0（g）	盒加湿土质量 m_1（g）	盒加干土质量 m_2（g）	水质量 m_w（g）	干土质量 m_s（g）	含水率 ω（%）	液限 ω_L（%）	塑限 ω_P（%）
1										
2										
3										

七、实验注意事项

（1）土样分层装杯时，注意土中不能留有空隙。

（2）每种含水率设三个测点，取平均值作为这种含水率所对应土的圆锥入土深度，如三点下沉深度相差太大，则必须重新调试土样。

（3）平衡锥表面所涂的凡士林应极薄，放锥时应由土面自有落下，避免冲击。圆锥入土深度应从实验后锥体表面凡士林被擦去的痕迹来判断，亦即为土面接触线至锥尖的垂直距离。重复调土时，必须去掉沾有凡士林的湿土。

第三节　搓滚法测黏性土塑限

一、实验目的

测定黏性土的液限 ω_L 和塑限 ω_P，并与液限实验和含水率实验结合，来计算黏性土的塑性指数 I_P 和液性指数 I_L，作为确定黏性土的分类、软硬程度及估算地基承载力的依据。

二、实验原理

取含水率接近于塑限的试样，用于搓成椭圆形，然后用手掌在毛玻璃板上轻轻搓滚，当土条搓至3mm粗细时刚好产生裂缝并断裂，此时土的含水率即为塑限。该方法适用于粒径不大于0.5mm、有机质含量不大于试样总质量5%的土。

三、实验仪器、设备

（1）毛玻璃板：尺寸宜为200mm×300mm。

（2）天平：感量0.01g。

（3）卡尺：分度值为0.02mm；直径为3mm的铁丝（长10mm左右）。

（4）其他：调土刀、筛（孔径0.5mm）、不锈钢杯、滴管、吹风机、蒸馏水、称量盒、烘箱、干燥器等。

四、操作步骤

（1）制备土样。将原状土或过0.5mm筛的风干土样约50g，加少量水捏成泥团，用湿布覆盖，静置24h，使水分充分浸透。

(2) 揉捏土块。为在实验前使试样的含水率接近塑限，可将试样在手中反复揉捏至不沾手为止，或放在空气中稍微晾干，然后将试样捏扁，若刚好出现裂缝，表示含水率已接近塑限。

(3) 用手搓条。取接近于塑限的试样8～10g，先用手搓成椭圆形，然后再用手掌侧部在毛玻璃板上轻轻搓滚，搓滚时应以手掌均匀施压力于土条上，其长度不得超过手掌宽度。若土条搓成直径3mm是产生裂缝并开始断裂，表示土的含水率为塑限。若土条搓至3mm时并未产生裂缝或断裂，表示土的含水率高于塑限，则应将土条重新捏成一团，继续反复搓滚，直至土条在直径3mm时产生裂缝并发生断裂为止。若土条搓至直径大于3mm时就产生裂缝或断裂，说明此时土的含水率低于塑限，则应将土样略加水分，重新搓滚至合格为止。

(4) 测含水率。取合格断裂的土条3～5g，放入称量盒内，随即盖紧盒盖并测定土样含水率。

五、计算公式及成果整理

1. 计算公式

按式（7-2）计算塑限，计算精确至0.1%。

$$\omega_P = \frac{m_2 - m_1}{m_2 - m_0} \times 100\% \quad (7-2)$$

式中符号意义与含水率实验相同。

2. 误差允许值

本实验应进行两次平行测定，两次测定的差值，当土样含水率小于40%时不得大于1%；当土样含水率不小于40%时不得大于2%。取两次实验结果的平均值作为土样塑限测定值。

六、实验记录

搓滚法塑限实验记录见表7-2。

表7-2　搓滚法塑限实验记录表

实验名称________________　实验者________________

试样编号________________　计算者________________

实验日期________________　校核者________________

试样编号	盒号	盒质量 m_0 (g)	盒加湿土质量 m_1 (g)	盒加干土质量 m_2 (g)	水质量 m_w (g)	干土质量 m_s (g)	塑限 ω_P (%)	塑限平均值
1								
2								

七、实验注意事项

(1) 在实验过程中，若要使土变干些，可在空气中晾干或用吹风机吹干，也可用调土刀搅拌或用手反复搓揉加速水分蒸发，不可加干土或用火烘烤。

（2）搓滚土条时，要以手掌部轻压土条，用力要均匀，不得进行无压滚动，任何情况下土条都不得出现中空现象。

（3）若土条在任何含水率情况下始终搓不到3mm即开始起裂并断裂，则认为该土条无塑限。

思　考　题

（1）什么是土的界限含水率？黏性土有几种界限含水率，其物理意义是什么？

（2）用搓条法测定土的塑限时，为什么不能无压滚动？

（3）什么是塑性指数？什么是液性指数？其物理意义是什么？

（4）实验过程中，如发现土样含水率偏大，应采用什么样的方法进行处理？

（5）实验为什么要求取两个以上的平行差？

第八章　击　实　实　验

第一节　概　　述

土体能够通过振动、夯实和碾压等方法调整土粒的排列，进而增加土的密实度的性质称为土的压实性。

土的含水率是影响土的压实性的主要因素之一。在低含水率时，土粒在受到夯击等冲击能量下容易分散而难于获得较高的密实度。在高含水率时，土粒容易产生弹性变形而失去夯实效果。

击实实验就是用锤击实土样以了解土的压实特性的一种方法。这个方法是用不同的击实功（锤重×落距×锤击次数）分别锤击不同含水量的土样，并测定相应的干密度，从而求得最大干密度、最优含水率，为填土工程的设计、施工提供依据。击实实验可分标准击实法和单层击实法两种。

第二节　击　实　实　验

一、实验目的

在一定的击实功能下测定土的最大干密度和最优含水率，是控制路堤、土坝和填土地基等密实度的重要指标。

二、实验原理

击实仪法是用锤击，使土密度增大，目的是在室内利用击实仪，测定土样在一定击实功能作用下达到最大密度时的含水率（最优含水率）和此时的干密度（最大干密度），借以了解土的压实特性。

目前国内常用的击实方法有以下两种。

（1）轻型击实：适用于粒径小于5mm的细粒土，锤底直径为51mm，击锤质量为2.5kg，落距为305mm，单位体积击实功为591.6kJ/m^3；分三层夯实，每层25击。

（2）重型击实：适用于粒径不大于40mm的土。击实筒内径为152mm，筒高116mm，击锤质量为4.5kg，落距为457mm，单位体积击实功为2682.7kJ/m^3（其他与轻型击实相同）；分五层击实，每层56击。

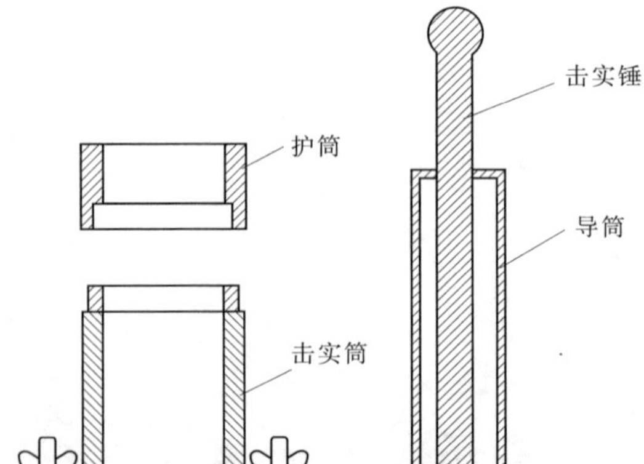

图8-1　击实仪示意图

三、实验设备

（1）击实仪：击实仪如图 8－1 所示。击实仪的击实筒和击锤尺寸应符合表 8－1 的规定。

表 8－1　　击实仪主要部件规格表

实验方法	锤底直径（mm）	锤质量（kg）	落高（mm）	击实筒			护筒高度（mm）
				内径（mm）	筒高（mm）	容积（mm^3）	
轻型实验	51	2.5	305	102	116	947.4	50
重型实验	51	4.5	457	152	116	2103.9	50

（2）天平：称量 200g，分度 0.01g。

（3）台秤：称量 10kg，分度值 5g。

（4）筛：孔径 5mm。

（5）烘箱及干燥器。

（6）拌和工具：400mm×600mm、70mm 深的金属盘、土铲。

（7）其他：喷水设备、碾土器、盛土器、推土器、修土刀等。

四、操作步骤

（1）制备土样：取代表性风干土样，放在橡皮板上用木碾碾散，过 5mm 筛，土样量不少于 20kg。

（2）加水拌和：根据土的塑限预估最优含水率，预定 5 个不同含水率，依次相差 2%，式中有两个大于和两个小于最优含水率。

所需加水量按式（8－1）计算。

$$m_w = \frac{m_{w0}}{1+\omega_0}(\omega - \omega_0) \qquad (8-1)$$

式中　m_w——所需加水质量，g；

m_{w0}——风干含水率时土样的质量，g；

ω_0——土样的风干含水率，%；

ω——预定达到的含水率，%。

将试样 2.5kg（轻型击实实验）或 5.0kg（重型击实实验）平铺于不吸水的平板上，按预定含水率用喷雾器喷洒所需的加水量，充分搅和并分别装入塑料袋中静置 24h。

（3）分层击实：将击实筒固定在底板上，装好护筒，并在击实筒内壁涂一薄层润滑油。取制备好的试样 2～5kg 分层装入击实筒内，每层试样 600～800g，倒入筒内，整平表面，轻型击实实验，分三层，每层击实 25 次；对于重型击实实验，分五层，每层击实 56 次，两层接触土面应刨毛，每层击实后土样约为击实筒容积 1/3。击实时，击锤应自由落下，锤迹须均匀分布于土面。重复上述步骤，进行第二、第三层的击实。击实后试样略高出击实筒（不得大于 6mm）。

（4）称土质量：取下套环，齐筒顶细心削平试样，擦净筒外壁，称土质量，准确至 0.1g。

（5）用推土器将试样从击实筒中推出，从试样中心处取；取两份一定量土料（轻型击实实验15～30g，重型击实实验50～100g）测定土的含水率，两份土样的含水率的差值应不大于1%。按（2）～（4）步骤进行其他不同含水率试样的击实实验。

五、计算及成果整理

（1）按式（8-2）计算干密度。

$$\rho_d=\frac{\rho}{1+0.01\omega} \tag{8-2}$$

式中　ρ_d——干密度，g/cm³；

ρ——湿密度，g/cm³；

ω——含水率，%。

（2）以干密度 ρ_d 为纵坐标、含水率 ω 为横坐标，绘制干密度与含水率关系曲线（图8-2）。曲线上峰值点所对应的纵横坐标分别为土的最大干密度和最优含水率。如曲线不能绘出准确的峰值点，应进行补点。

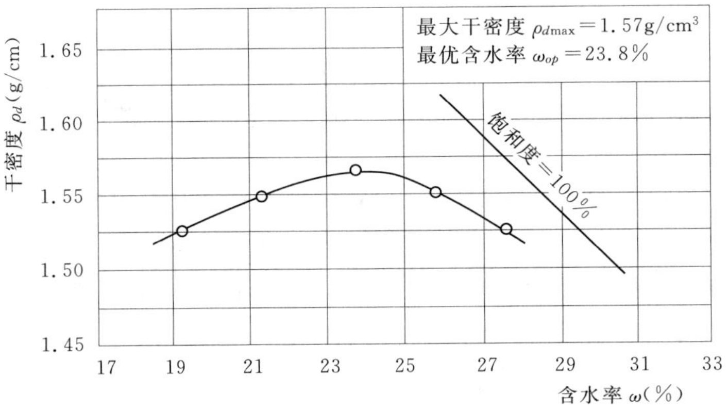

图8-2　ρ_d—ω 关系曲线

（3）气体体积等于零（即饱和度100%）的等值线应按式（8-3）计算，并应将计算值绘于图8-2的关系曲线上。

$$\omega_{sat}=\left(\frac{\rho_w}{\rho_d}-\frac{1}{G_s}\right)\times 100\ \% \tag{8-3}$$

式中　ω_{sat}——饱和含水率，%，计算精确至0.1%；

ρ_w——4°C时水的密度，g/cm³；

G_s——土粒相对密度。

（4）轻型击实实验中当试样中粒径大于5mm的土质量小于或等于试样总质量的30%时，应对最大干密度和最优含水率进行校正。

1）最大干密度按式（8-4）进行校正。

$$\rho'_{d\max}=\frac{1}{\dfrac{1-P_5}{\rho_{d\max}}+\dfrac{P_5}{\rho_w G_{s5}}} \tag{8-4}$$

式中　$\rho'_{d\max}$——校正后的最大干密度，g/cm³；

P_5——粒径大于5mm土粒的质量百分数，%；

G_{s5}——粒径大于 5mm 土粒的饱和面干比重。

（注：饱和面干比重指当土粒呈饱和面干状态时的土粒总质量与相当于土粒总体积的 4℃ 纯水质量的比值。）

2）最优含水率按式（8－5）进行校正。

$$\omega'_{opt}=\omega_{opt}(1-P_5)+P_5\omega_{ab} \tag{8-5}$$

式中 ω'_{opt}——校正后试样的最优含水率，%；

ω_{opt}——击实试样的最优含水率，%；

ω_{ab}——粒径大于 5mm 土粒的吸着含水率，%。

（5）误差允许值。本实验含水率须进行两次平行测定，取其算术平均值，允许平行差值应符合表 8－2 的规定。

表 8－2　　含水率测定的允许平行差值　　%

含水率	允许平行差值
＜5	0.3
＜40	≤1
≥40	≤2

六、实验记录

击实实验记录见表 8－3。

表 8－3　　击实实验记录表

实验名称________________　　实验者________________

试样编号________________　　计算者________________

实验日期________________　　校核者________________

试验序号	预估最优含水率____%				风干含水率____%			实验类别________			
	筒加试样质量 (g)	筒质量 (g)	试样质量 (g)	筒体积 (cm³)	湿密度 (g/cm³)	干密度 (g/cm³)	盒号	湿土质量 (g)	干土质量 (g)	含水率 (%)	平均含水率 (%)
	(1)	(2)	(3) = (1) － (2)	(4)	(5) = (3) / (4)	(6) = $\frac{(5)}{(1)+0.01\times(10)}$		(7)	(8)	(9) = $\left[\frac{(7)}{(8)}-1\right]\times 100$	(10)

七、实验注意事项

（1）轻型击实法，每层土料的质量为600～800g，即其量应使击实后的试样高度略高于击实筒的1/3。

（2）两层土的交接面处应刨毛。

（3）击实完成后，超出击实筒顶的试样高度应小于6mm。

思　考　题

（1）什么是最优含水率，有何实际意义？

（2）实验室为什么要分层加土？各层土交接面处为什么要进行刨毛？

（3）不同性质的土，其最优含水率和最大干密度是否一样？

（4）为什么规范规定轻型击实分三层击实，每层25击？

第九章 渗 透 实 验

第一节 概 述

水在岩土体孔隙中的流动过程称为渗透。岩土体具有渗透的性质称为岩土体的渗透性。由水的渗透引起岩土体边坡失稳、边坡变形、地基变形、岩溶渗透塌陷等均属于岩土体的渗透稳定问题。水在孔隙介质中的渗透问题，目前的研究在实验及理论上都有一定的水平，在解决实际问题方面也能够较好地反映土在孔隙介质中的渗流的运动规律。孔隙介质中的渗流场理论，基本上描述了水在孔隙介质中的渗透特性。水在裂隙介质中的渗透，目前的研究还很不完善。由于裂隙介质的复杂性，水在裂隙介质中的渗透无论在理论上或是实验方面都存在很多问题，在解决工程实际问题方面还很不成熟。岩土体的渗透性对工程设计、施工和安全运行都有重要的影响，因此研究岩土体的渗透性质尤为重要。

由达西定律 $V=ki$ 可知土的渗透系数 k 反映了土的渗透性能，是渗流计算用到的必须指标，它的大小可通过实验或经验决定，实验可在实验室或现场进行，而室内测定渗透系数有常水头法（粗粒土）和变水头法（细粒土）。

第二节 常水头渗透实验

一、实验目的

（1）通过稳定渗流条件下的渗透实验，了解达西定律渗透实验装置（图 9－1），验证线性渗透的达西定律。

（2）测定土的渗透系数。

二、实验原理

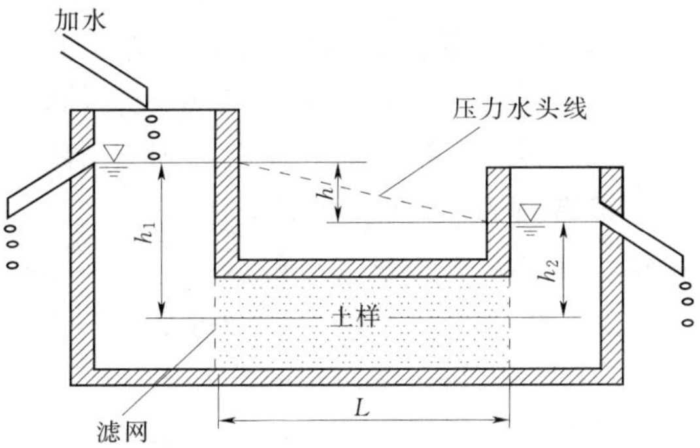

图 9－1 达西渗透实验示意图

由于土体具有空隙，在水头差的作用下，水将沿着土的空隙发生流动。由于空隙的大小不同，水在其中的运动规律也不尽相同。大量的实验和工程实践表明，在绝大多数情况下，地下水在土空隙中的运动服从线性渗透定律。单位时间内通过过水断面的流量为

$$Q=kA\ \frac{\Delta h}{L}=KAi \tag{9-1}$$

式中 Q——渗透流量，m^3/d 或 cm^3/d；

k——渗透系数，m/d 或 cm/d；

A——过水断面面积，m^2或cm^2；

Δh——A 上、下游水头差，m 或 cm；

L——渗流长度，m 或 cm；

i——水力坡降。

利用该实验可验证线性渗透定律：$Q=kAi$ 或 $V=ki$，其主要内容为：流量 Q 与水力坡降 i 的一次方成正比。在实验室多次调整水力坡降 i，看其流量 Q 的变化是否与水力坡降的一次方成正比。

实验时，可直接测定流量 Q，过水断面面积 A 和水力坡降 i，从而可求出渗透系数 k 值，即

$$k=\frac{Q}{Ai} \tag{9-2}$$

三、实验仪器、设备

(1) 常水头渗透仪。

(2) 天平：称量 5000g，感量 1g。

(3) 量筒。

(4) 温度计：分度值 0.5℃。

(5) 其他：切土器、秒表、捣棒、橡皮管、支架。

四、操作步骤

(1) 按图 9-2 装好仪器，并检查各管路接头处是否漏水。

(2) 切取试样。用环刀垂直或平行土样层面（视需测定土层垂直或水平渗透系数定）切取原状试样，或按给定密度制备击实试样。

(3) 将容器套筒内壁涂上一薄层凡士林，然后将装有试样的环刀推入套筒，并压入止水垫圈。刮去挤出的凡士林。装好带有透水石和垫圈的上下盖，并且用螺丝拧紧，避免漏气、漏水。

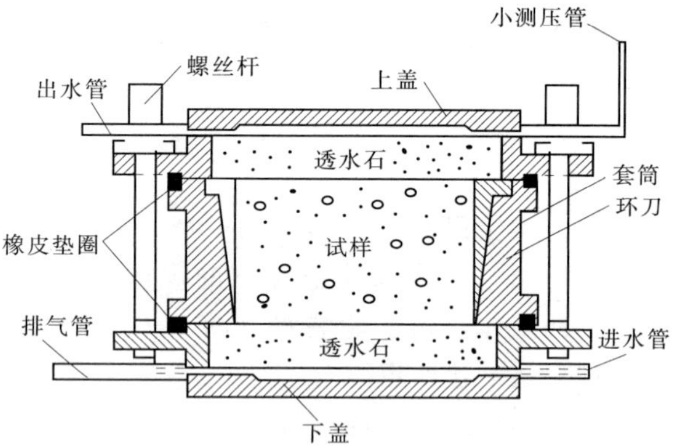

图 9-2 南—55 型渗透容器

(4) 把装好试样的容器的进水口与供水装置连通。关止水夹，使供水瓶注满水，直至供水瓶的排气孔有水溢出时为止。

(5) 测压管水位稳定后，记录测压管水位，计算各测压管间的水位差。

(6) 开动秒表，同时用量筒接取经一定时间的渗透水量，并重复一次，接取渗透水量时，出水管不可没入水中。测记进水与出水处的水温，取平均值作为实验水温。

(7) 降低出水管水位，以改变水力坡降，按步骤 (5)、(6) 重复进行测定。

根据需要对不同空隙比的试样进行渗透系数的测定。

五、计算及成果整理

(1) 按式 (9-3)、式 (9-4) 计算试样的渗透系数 k_T 及 k_{20}。

$$k_T = \frac{QL}{AHt} \tag{9-3}$$

$$k_{20} = k_T \frac{\eta_T}{\eta_{20}} \tag{9-4}$$

上两式中：k_T ——水温为 T 时试样的渗透系数，m/d 或 cm/s；

Q ——时间 ts 内的渗透水量，cm^3；

L ——两侧压孔中心间的试样高度，cm；

H ——平均水头差，cm；

t ——时间，s；

k_{20} ——水温为 20℃时试样的渗透系数，m/d 或 cm/s；

η_T ——水温为 T 时水的动力黏滞系数，Pa·s；

η_{20} ——20℃时水的动力黏滞系数，Pa·s。

η_T/η_{20} 比值与温度的关系见表 9-1。

表 9-1　　水的动力黏滞系数比 η_T/η_{20}

温度（℃）	η_T/η_{20}	温度（℃）	η_T/η_{20}	温度（℃）	η_T/η_{20}	温度（℃）	η_T/η_{20}
5.0	1.501	11.5	1.243	18.0	1.050	26.0	0.870
5.5	1.478	12.0	1.227	18.5	1.038	27.0	0.850
6.0	1.455	12.5	1.211	19.0	1.025	28.0	0.833
6.5	1.435	13.0	1.194	19.5	1.012	29.0	0.815
7.0	1.414	13.5	1.176	20.0	1.000	30.0	0.798
7.5	1.393	14.0	1.168	20.5	0.988	31.0	0.781
8.0	1.373	14.5	1.148	21.0	0.976	32.0	0.765
8.5	1.353	15.0	1.133	21.5	0.964	33.0	0.750
9.0	1.334	15.5	1.119	22.0	0.958	34.0	0.735
9.5	1.315	16.0	1.104	22.5	0.943	35.0	0.720
10.0	1.297	16.5	1.090	23.0	0.932		
10.5	1.279	17.0	1.077	24.0	0.910		
11.0	1.261	17.5	1.066	25.0	0.890		

（2）在测得的结果中取 3～4 个在允许差值范围以内的数值，求其平均值，作为试样在该空隙比时的渗透系数。允许误差不大于 2×10^{-n}cm/s。

六、实验记录

本实验记录格式见表 9-2。

表 9-2　　　　　　　　**常水头实验记录表**

实验名称＿＿＿＿＿＿＿＿　　　　实验者＿＿＿＿＿＿＿＿
试样编号＿＿＿＿＿＿＿＿　　　　计算者＿＿＿＿＿＿＿＿
实验日期＿＿＿＿＿＿＿＿　　　　校核者＿＿＿＿＿＿＿＿
土粒密度＿＿＿＿＿＿＿＿　　　　孔隙比＿＿＿＿＿＿＿＿
测压孔间距＿＿＿＿＿＿＿　　　　土粒密度＿＿＿＿＿＿＿
试样面积＿＿＿＿＿＿＿＿　　　　仪器编号＿＿＿＿＿＿＿

实验次数	渗透时间 t（s）	测压管水位（cm）			水位差（cm）			水力坡降 J	渗透水量 Q	渗透系数 k_{20}（cm/s）	平均水温（℃）	平均渗透系数 k_{20}（cm/s）	备注
		1管	2管	3管	H_1	H_2	平均 H						

第三节　变水头渗透实验

一、实验仪器、设备

（1）变水头渗透仪（TST—55 渗透仪），如图 9-3 所示。

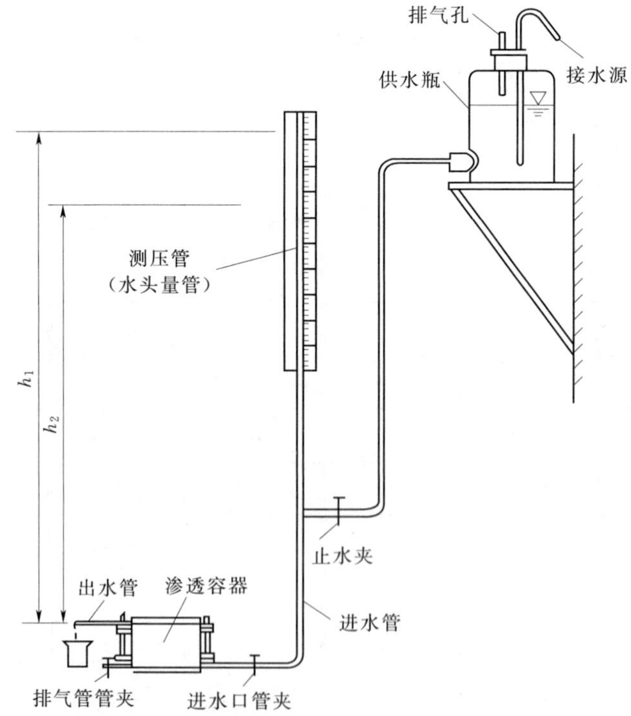

图 9-3　变水头装置

（2）天平：称量 5000g，感量 1g。

（3）量筒。

（4）温度计：分度值 0.5℃。

（5）其他：切土器、秒表、捣棒、橡皮管、钢丝锯、支架。

二、操作步骤

（1）安装土样。将装有试样的环刀推入套筒内并压入止水垫圈。装好带有透水石和垫圈的上下盖，并用螺丝拧紧，不得漏气漏水。

（2）供水。把装好试样的容器进水口与供水装置连通，关止水夹，向供水瓶注满水。

（3）排气。把容器侧立，排气管向上，并打开排气管管夹。然后打开止水夹及进水口管夹，排除容器底部的空气，直至水中无夹带气泡溢出为止。关闭排气管管夹，并放平渗透容器。

（4）测试水头高度。向变水头管注水，使水升至预定高度，待水位稳定后，打开进水夹，使水通过试样，当容器上盖出水管有水溢出时开始测记，同时测记起始水头 h_1，经过时间 t 后，再记终止水头 h_2（每次测定的水头差应大于 10cm），如此连续测记 2～3 次后，再使水头管水位回升至需要高度，再连续记数次，前后需 6 次以上，实验终止。同时测记实验开始时与终止时出水口的水温。

三、计算及成果整理

（1）按式（9－5）计算试样的渗透系数 k_T 。

$$k_T = 2.3\frac{aL}{At}\lg\frac{h_1}{h_2} \qquad (9-5)$$

式中　a——变水头测压管截面积，cm^2；

L——渗径，等于试样高度，cm；

h_1——开始时水头，cm；

h_2——终止时水头，cm；

其余符号意义同前。

（2）在测得的结果中取 3～4 个允许误差范围以内的数值，求其平均值，作为试样在该孔隙比的平均渗透系数。允许误差不大于 2×10^{-n}cm/s。

四、实验记录

本实验记录格式见表 9－3。

表 9－3　　变水头实验记录表

实验名称＿＿＿＿＿＿＿＿　　实验者＿＿＿＿＿＿＿＿

试样编号＿＿＿＿＿＿＿＿　　计算者＿＿＿＿＿＿＿＿

实验日期＿＿＿＿＿＿＿＿　　校核者＿＿＿＿＿＿＿＿

土粒密度＿＿＿＿＿＿＿＿　　孔隙比＿＿＿＿＿＿＿＿

测压孔间距＿＿＿＿＿＿＿　　土粒密度＿＿＿＿＿＿＿＿

试样面积＿＿＿＿＿＿＿＿　　测压管截面面积＿＿＿＿＿＿

开始时间 t_1	终止时间 t_2	实验时间 Δt	开始水头 h_1	终止水头 h_2	水温 T 时的渗透系数 k_T	水温 T	校正系数 $\frac{\eta_T}{\eta_{20}}$	渗透系数 k_{20}	平均渗透系数 $\bar{k}_{20}$	备　注

五、实验注意事项

(1) 实验过程中要及时排除气泡，并保持常水头。

(2) 水头差的变化控制要适度，以准确绘制 v—I 曲线。

(3) 环刀取试样时，应尽量避免扰动土体结构，并禁止用削土刀反复涂抹试样表面。

(4) 环刀边要套橡皮胶圈或涂一层凡士林以防漏水，透水石需要用开水浸泡。

(5) 土的渗透性是指水流通过土的孔隙的能力，土的孔隙大小决定着渗透系数的大小，为此，测定渗透系数时，必须说明与渗透系数相适应的土的密度状态。实验时应将试样控制在设计要求的孔隙比下测定其渗透系数，否则实验结果无实用意义。

思考题

(1) 什么是渗流？什么是渗透性？什么是渗透力？什么是渗透变形？

(2) 常水头实验和变水头实验各自的适用条件是什么？

(3) 比较不同试样的渗透系数，分析影响渗透系数的因素？

(4) 除实验室测定渗透系数的方法外，在野外测定渗透系数的方法有哪些，各自的适用条件是什么？

(5) 什么是达西定律？达西定律成立的条件是什么？

(6) 达西定律计算出的流速和土中水的实际流速是否相同？为什么？

第十章　固　结　实　验

第一节　概　　述

土在外荷载作用下，其孔隙间的水和空气逐渐被挤出，土的骨架颗粒之间相互挤紧，封闭气泡的体积也将缩小，从而引起土层的压缩变形，土在外力作用下体积缩小的这种特性称为土的压缩性。

土的压缩性主要有两个特点：①由于孔隙体积减小而引起，对于饱和土，土是由颗粒和水组成的，工程上在一般的压力作用下，固体颗粒和水本身的体积压缩量都非常微小，可不予考虑，但由于土中水具有流动性，在外力作用下会沿着土中孔隙排出，从而引起土体积减小而发生压缩；②由于孔隙水的排出而引起的压缩对于饱和黏性土来说是需要时间的，土的压缩随时间增长的过程称为土的固结。

固结实验（亦称压缩实验）是研究土的压缩性的基本的方法。固结实验就是将天然状态下的原状土或人工制备的扰动土，制备成一定规格的土样，然后置于固结仪内，在不同荷载和在完全侧限条件下测定土的压缩变形。由固结实验可得到土的压缩变形 ΔH 与荷载 p 之间的关系，并可进一步得到相应的孔隙比 e 与荷载 p 之间的关系 $e—p$ 曲线或 $e—\lg p$ 曲线。

标准固结实验只适用于饱和的黏土。当只进行压缩时，允许使用非饱和土。

当采用标准固结实验的时间不能满足工程要求时，可采用 12h 快速固结实验。该方法适用于测定一般黏土的先期固结压力和压缩指数。

沉降计算要求精度不高，主要为求压缩系数和压缩模量时，可采用 1h 快速压缩实验。该方法适用于渗透性较大的非饱和土。

第二节　标 准 固 结 实 验

一、实验目的

测定试样在侧限与轴向排水条件下的压缩变形 Δh 和荷载 P 的关系，以便计算土的单位沉降量 S_1、压缩系数 a_v 和压缩模量 E_s 等。

二、实验原理

土的压缩性主要是由于孔隙体积减小而引起的。在饱和土中，水具有流动性，在外力作用下沿着土中孔隙排出，从而引起土体积减小而发生压缩，实验时将试样装在厚壁金属容器内，上下各放一块透水石，然后在试样上分级施加垂直压力 p。测记加压后不同时间的垂直变形，由于试样受金属厚壁容器的限制，不可能产生侧向膨胀，因此该实验称为侧限压缩实验，或无侧胀压缩实验。

设加压前土样的高度为 H_0，面积为 A，土样的体积为 V_0，颗粒体积为 V_{s0}，孔隙体积为 V_{v0}。压缩前后土的体积变化示意图如图 10－1 所示。

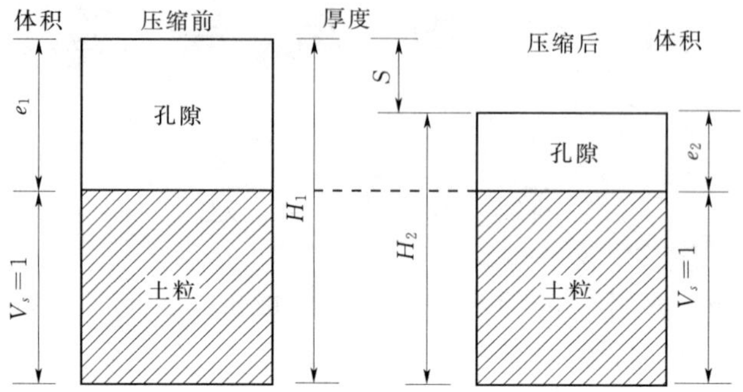

图 10－1 压缩前后土的体积变化示意图

根据图 10－1 可得

$$\frac{H_0-H_1}{H_0}=\frac{(H_0-H_1)A}{H_0A}=\frac{V_0-V_1}{V_0}=\frac{V_{s0}+V_{v0}-(V_{s1}+V_{v1})}{V_{s0}+V_{v0}}$$

由于土粒的压缩量常可忽略不计，故 $V_{s0}=V_{s1}$，代入上式得

$$\frac{H_0-H_1}{H_0}=\frac{\Delta H}{H_0}=\frac{V_{v0}-V_{v1}}{V_{s0}+V_{v0}}=\frac{\dfrac{V_{v0}}{V_{s0}}-\dfrac{V_{v1}}{V_{s0}}}{\dfrac{V_{s0}}{V_{s0}}+\dfrac{V_{v0}}{V_{s0}}}=\frac{e_0-e_1}{1+e_0} \tag{10-1}$$

即

$$e_1=e_0-\frac{\Delta H}{H_0}(1+e_0) \tag{10-2}$$

若通过实验测得稳定压缩量 ΔH，则可由上式求得相应的孔隙比 e_1；同样，在不同的压力 p_2、p_3、p_4 作用下都可测得稳定的压缩变形量，并求得相应的孔隙比 e_2、e_2、e_4 等，则可绘制 $e—p$ 曲线（或 $e—\lg p$ 曲线）。

三、实验仪器、设备

目前常用的固结仪有磅秤式、杠杆加压式或其他加压设备形式。本实验用杠杆加压式。

（1）固结仪：固结仪包括固结容器和加压设备两部分，如图 10－2 所示。试样面积 30cm² 或 50cm²，高 2cm；加压设备为杠杆及砝码。

（2）天平：感量为 0.01g 及 0.1g 的各一台。

（3）量表：最小分度 0.01mm，量程 10mm。

（4）其他：秒表、烘箱、钢丝锯、削土刀、土盒、凡士林等。

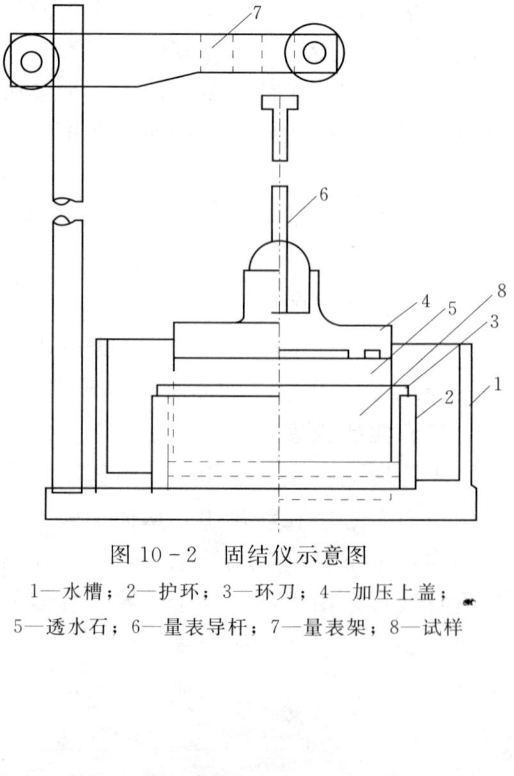

图 10－2 固结仪示意图

1—水槽；2—护环；3—环刀；4—加压上盖；5—透水石；6—量表导杆；7—量表架；8—试样

四、操作步骤

（1）切取试样：用环刀切取原状土样或制备所需状态的扰动土样。

（2）测定试样密度：取削下的余土测定含水率，需要时对试样进行饱和。

（3）安放试样：将带有环刀的试样安放在压缩容器的护环内，并在容器内顺次放上底板、湿润的滤纸和透水石各一，然后放入加压导环和传压板。

（4）检查设备：检查加压设备是否灵敏，调整杠杆使之水平。

（5）安装量表：将装好试样的压缩容器放在加压台的正中，将传压钢珠与加压横梁的凹穴相连接。然后装上量表，调节量表杆头使其可伸长的长度不小于 8mm，并检查量表是否灵活和垂直（在教学实验中，学生应先练习量表读数）。

（6）施加预压：为确保压缩仪各部位接触良好，施加 1kPa 的预压荷重，然后调整量表读数至零处。

（7）加压观测：

1）荷重等级一般为 50kPa、100kPa、200kPa、400kPa，每一级荷载压缩 1h 读数，最后一荷载需达到压缩稳定。当用杠杆式加压设备时，直接加第一级荷载，使土样承受 50kPa的压力（这时挂上托盘，托盘自重 0.75kg，再在托盘上加 0.75kg 砝码一个），在加上压力的同时，开动秒表分别在 1min、2min、3min、5min、10min、15min、20min、…记录测微表读数，直至稳定。再依次逐渐加荷达 100kPa（在托盘上再加0.75kg的砝码 2 个）、2kgf/cm^2（在托盘上再加 1.5 公斤的砝码 2 个）和 4kgf/cm^2（在托盘上再加 1.5kg 砝码 4 个），同样测定变形量至稳定为止。

2）如系饱和试样，应在施加第一级荷重后，立即向压缩容器注满水。如系非饱和试样，需用湿棉纱围住加压盖板四周，避免水分蒸发。

3）考虑到实验时间，只读到 15min 就假定一级变形已稳定。

4）实验结束后迅速拆除仪器各部件，取出试样，必要时测定实验后的含水率。

五、计算及成果整理

（1）按式（10－3）计算试样的初始孔隙比

$$e_0=\frac{G_s\rho_\omega(1+\omega_0)}{\rho_0}-1 \tag{10-3}$$

（2）按式（10－4）计算各级荷重下压缩稳定后的孔隙比 e_i

$$e_i=e_0-(1+e_0)\frac{\sum\Delta h_i}{h_0} \tag{10-4}$$

式中　G_s——土粒比重；

ρ_ω——水的密度，g/cm^3；

ω_0——试样起始含水率，%；

ρ_0——试样起始密度，g/cm^3；

$\sum\Delta h_i$——在某一荷重下试样压缩稳定后的总变形量，其值等于该荷重下压缩稳定后的量表读数减去仪器变形量，mm；

h_0——试样起始高度，即环刀高度，mm。

（3）绘制压缩曲线。以孔隙比 e 为纵坐标，压力 p 为横坐标，绘制孔隙比与压力的关系曲线，如图 10－3 所示。并求出压缩系数 a_v 与压缩模量 E_s。

（4）按式（10－5）计算某一压力范围内压缩系数 α（MPa^{-1}）。

$$\alpha = \frac{e_1 - e_2}{p_2 - p_1} \quad (10-5)$$

式（10－5）中 $p_1 = 100$kPa，$p_2 = 200$kPa。采用 $p = 100 \sim 200$kPa 压力区间相对应的压缩系数 α_{1-2} 来评价土的压缩性。α 值是判断土的压缩性高低的一个重要指标。α_{1-2} 的大小将地基土的压缩性分为以下三类。

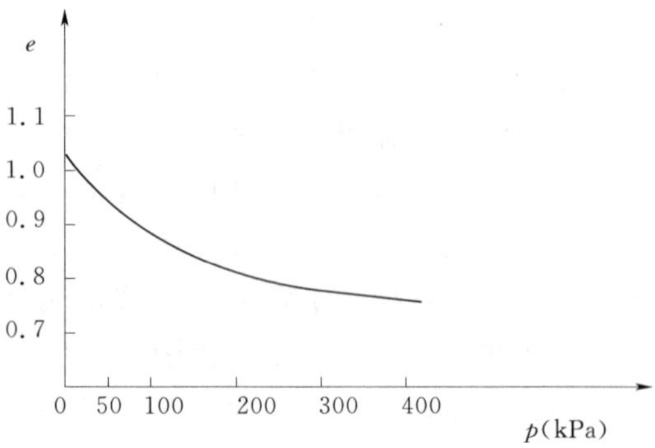

图 10－3 e—p 关系曲线

当 $\alpha_{1-2} \geqslant 0.5\text{MPa}^{-1}$ 时，为高压缩性土；

当 $0.5\text{MPa}^{-1} > \alpha_{1-2} \geqslant 0.1\text{MPa}^{-1}$ 时，为中压缩性土；

当 $\alpha_{1-2} < 0.1\text{MPa}^{-1}$ 时，为低压缩性土。

（5）计算某一荷载范围的压缩模量 E_s。

$$E_s = \frac{1 + e_i}{\alpha} \quad (10-6)$$

式中 e_i——孔隙比；

α——压缩系数。

六、实验记录

本实验记录格式见表 10－1～表 10－3。

表 10－1 **固 结 实 验 记 录 一**

工程名称＿＿＿＿＿＿ 土样面积＿＿＿＿＿＿ 实验者＿＿＿＿＿＿

土样编号＿＿＿＿＿＿ 起始孔隙比＿＿＿＿＿＿ 计算者＿＿＿＿＿＿

实验日期＿＿＿＿＿＿ 起始高度＿＿＿＿＿＿ 校核者＿＿＿＿＿＿

	含水率实验					密度实验			
	盒号	湿土质量（g）	干土质量（g）	含水率（%）	平均含水率（%）	环刀号	湿土质量（g）	环刀容积（cm^3）	湿密度（g/cm^3）
实验前									
实验后									

表 10－2 **固 结 实 验 记 录 二**

经过时间（min）	压力							
	50kPa		100kPa		200kPa		400kPa	
	时间（min）	变形数值（mm）	时间（min）	变形数值（mm）	时间（min）	变形数值（mm）	时间（min）	变形数值（mm）
0								
0.1								
0.25								
1								
2.25								

续表

经过时间（min）	压力							
	50kPa		100kPa		200kPa		400kPa	
	时间（min）	变形数值（mm）	时间（min）	变形数值（mm）	时间（min）	变形数值（mm）	时间（min）	变形数值（mm）
0								
4								
6.25								
8								
12.25								
16								
总变形（0.01mm）								

表 10-3　　固结实验记录三

加压历时（h）	压力 p（kPa）	量表读数（mm）	仪器变形量 λ（mm）	校正后试样变形量 $\sum\Delta h_i$（mm）	单位沉降量 S_i（$\sum\Delta h_i/h_0$）	孔隙比 e_i	压缩系数（MPa^{-1}）	压缩模量（MPa）
	50							
	100							
	200							
	400							

七、实验注意事项

（1）首先装好试样，再安装量表。在装量表的过程中，小指针需调至整数位，大指针调至零，量表杆头要有一定的伸缩范围，固定在量表架上。

（2）加荷时，应按顺序加砝码；实验中不要振动实验台，以免指针产生移动。

（3）切削试样时，应十分耐心操作，尽量避免破坏土的结构。不允许直接将环刀压入土样中。

（4）在削去环刀两端余土时，不允许用刀来回涂抹土面，避免孔隙堵塞。

（5）不要振碰压缩台及周围地面，加荷和卸荷时均应轻放砝码。

思 考 题

（1）如何保证快速压缩实验的准确性？

（2）土体的总的变形量包括几个部分？如何测定？

（3）能否用低压下的压缩性指标去推求高压缩情况下的压缩指标？

（4）在调试实验仪器时，如何保证“两平一密”？

第十一章　直接剪切实验

第一节　概　　述

土的内摩擦角 φ 和黏聚力 c 是土压力、地基承载力和土坡稳定等计算必不可少的指标。直接剪切实验是通过在预定的剪切面上分别直接施加法向压力和剪应力求得土的抗剪强度指标的实验。该方法设备简单、便于操作，因此，应用广泛。直剪实验可分为快剪（Q）、固结快剪（CQ）和慢剪（S）三种实验方法。快剪是在试样上施加垂直应力后，立即施加水平力，试样在3～5min内剪坏；固结快剪是在试样上施加垂直应力后，待排水固结稳定，再立即施加水平力，试样也在3～5min内剪坏。慢剪是在试样上施加垂直应力后使试样排水固结，然后缓慢地施加水平力，使试样排水后剪坏。按施加剪力的方式不同，直接剪切仪分应变控制式和应力控制式两种。前者是通过弹性钢环变形控制剪切位移的速率。后者是通过杠杆用砝码控制施加剪应力的速率，测相应的剪切位移。目前多用应变控制式，应力控制式只适用于作慢剪及长期强度实验直接剪切实验是测定土的抗剪强度的一种常用方法。同一种土，由于实验方法不同，得到的土的抗剪强度指标也不相同。

第二节　直接剪切实验（快剪法）

一、实验目的

直接剪切实验是测定土的抗剪强度的一种常用方法。通常采用四个试样为一组，分别在不同的垂直压力 σ 下，施加水平剪应力进行剪切，求得破坏时的剪应力 τ，然后根据库仑定律确定土的抗剪强度参数内摩擦角 φ 和黏聚力 c 。

二、实验原理

土的破坏都是剪切破坏。当试样某一面上出现剪应力 τ 等于土的抗剪强度 τ_f 时，该面达到极限平衡状态，试样被剪坏。根据库仑定律可得如图11－1的抗剪强度曲线，其表达式为

$$\left.\begin{aligned}\tau_f &= \sigma\tan\varphi\,(\text{砂土})\\ \tau_f &= \sigma\tan\varphi + c\,(\text{黏土})\end{aligned}\right\}\qquad(11-1)$$

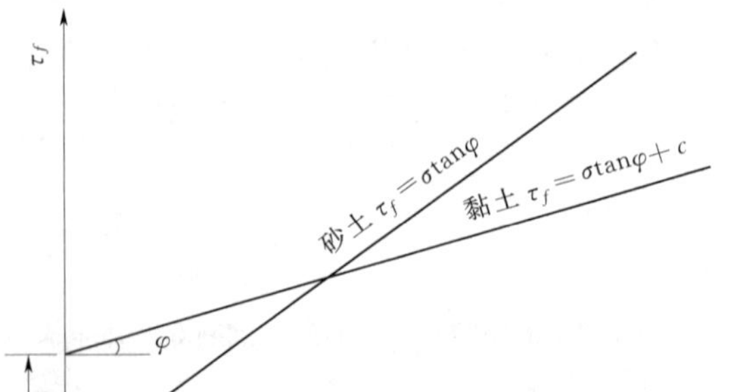

图11－1　抗剪强度与法向应力的关系

无黏性土的抗剪强度与法向应力成正比，黏性土的抗剪强度除和法向应力有关外，还决定于土的黏聚力。因此，土的抗剪强度以抗剪强度指标 φ 和 c 表示。

实验采用应变控制式剪力仪，剪切盒由上盒和下盒组成，试样置于剪切盒中，施加不同的垂直应力 σ 和水平力使试样剪坏，通过量测量力环的变形值，可算出剪应力的大小，得到相应的 τ_f，绘制 $\sigma-\tau_f$ 曲线。该曲线的倾角为内摩擦角 φ，在纵轴上的截距即黏聚力 c，如图 11-1 所示。

三、实验仪器、设备

（1）应变控制式直剪仪：直接剪切仪有应力控制式和应变控制式两种。式中应变控制式较为常用。它包括剪切盒、加压及量测设备等，如图 11-2 所示。

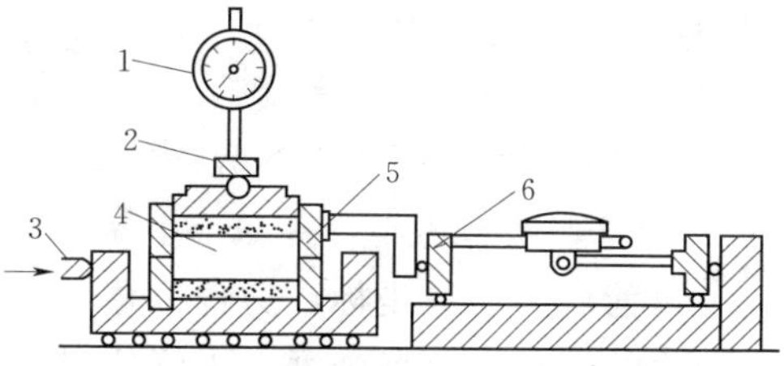

图 11-2　应变控制式直接剪切仪
1—垂直变形量表；2—垂直加荷框架；3—推动座；4—试样；5—剪切盒；6—量力环

（2）环刀：内径 6.18（或 6.4）cm，高 2cm。

（3）量表：量程 5～10mm，分度值 0.01mm。

（4）天平：称量 500g，感量 0.1g。

（5）其他：秒表、削土刀、钢丝锯、蜡纸、凡士林、直尺等。

四、操作步骤

（1）制备试样。取原状土或制备所需状态的扰动土样，将环刀刃口向下切取试样。切土前先在环刀内壁抹一层凡士林，然后置环刀于土样上边压边修，直至试样突出环刀上端，再用钢丝锯或削土刀整平试样两端。在削土过程中，应细心观察，对土样进行描述。取制样余土立即进行含水率测定。

（2）将剪切盒内壁擦净，对准上盒和下盒。插好固定销钉，以防装样时上下盒错动。在下盒湿润的透水石上放一张蜡纸（快剪不允许排水），将带试样的环刀平口向下，刃口向上，对准上盒盒口，在试样上面依次放蜡纸和洁净湿润的透水石和承压盖，然后垂直下压，将土样徐徐推入盒中，移去环刀。

（3）将剪切盒放到剪力仪架上，并将加压框架中心对准承压盖上顶珠。在量力环内安装量表，然后顺时针方向徐徐转动手轮，直至量力环上量表指针突然微动，说明此时剪切盒与量力环已接触，手轮停止转动，调整量表读数到零。

（4）施加第一级垂直荷载 $\sigma_1=100\text{kPa}$，拔去固定销钉，立即进行剪切（剪切前务必拔去销钉）。

（5）开动秒表，手轮以每分钟 4～6 转（教学实验可用 6 转/min）的均匀速率旋转，每转 2 周测记量力环读数一次。如此进行下去，直至量表指针来回摆动或开始后退，说明此时试样已剪损（注：手轮每转一周推进 0.2mm）。再观测一两次即可停止剪切。

（6）剪切结束。反转手轮，卸去荷载，去掉加压框架，取出剪切盒，观看其剪切面破坏情况，并进行描述。

（7）另装试样，重复以上步骤，测定其他三种垂直荷载（200kPa、300kPa、400kPa）下的抗剪强度。

五、计算及成果整理

1. 剪切位移计算

$$\Delta L=20n-R \tag{11-2}$$

式中　ΔL——剪切位移量，0.01mm；

R——量力环内量表读数，0.01mm；

n——手轮转数。

2. 剪应力计算

$$\tau = RC \tag{11-3}$$

式中　τ——剪应力，kPa；

R——量力环量表读数，0.01mm；

C——量力环率定系数，kPa/0.01mm。

3. 绘制剪应力与剪切位移关系曲线

以剪应力为纵坐标，剪切位移为横坐标，绘制剪应力与剪切位移关系曲线，取曲线上剪应力的峰值为抗剪强度，无峰值时，取剪切位移4mm所对应的剪应力为抗剪强度。

4. 求土的黏聚力及内摩擦角

以抗剪强度τ_f为纵坐标，垂直压力σ为横坐标，绘出数据点（注意：纵横坐标比例应一致），根据这些点绘一视测直线，该线的倾角即为土的内摩擦角φ，该线在纵轴上的截距即为土的黏聚力c，如图11-3所示。

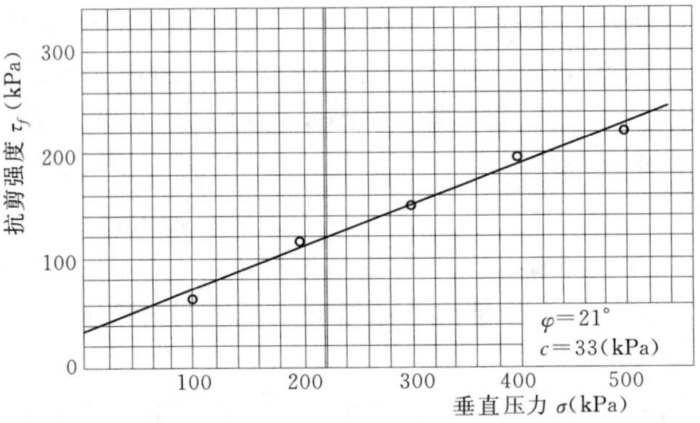

图11-3　抗剪强度曲线图

六、实验记录

本实验记录格式见表11-1。

表11-1　**直接剪切实验记录表**

土样编号________　仪器编号________　实验者________

土样说明________　测力计率定系数________　校核者________

实验方法________　手轮转数________　实验日期________

仪器编号	垂直压力 σ (kPa)	测力计读数 R (0.01mm)	抗剪强度 τ_f (kPa)
	100		
	200		
	300		
	400		

七、实验注意事项

（1）同一组实验最好在同一台仪器上进行，以消除仪器误差。

（2）每组几个试样应是同一层的土，重度应不超过允许误差。

（3）仪器应定期校正检查，保证加荷准确。

（4）加荷载时应轻，避免振动。

思 考 题

（1）什么是抗剪强度？直接剪切实验按排水条件如何分类？

（2）实验的结束标准是什么？

（3）砂土和黏性土的剪切过程有何不同？各自的注意事项是什么？

（4）土样抗剪强度不足会产生什么样的后果？

第十二章　三 轴 压 缩 实 验

第一节　概　　述

三轴压缩实验是测定土的抗剪强度的一种方法。它通常用3～4个圆柱形试样分别在不同的恒定围压（即小主应力σ_3）下施加轴向压力（即主应力差$\sigma_1-\sigma_3$），对试样进行剪切，直至破坏，然后根据摩尔-库仑理论，求得土的总抗剪强度指标φ和c以及有效抗剪强度指标φ'和c'。

根据排水条件的不同，三轴剪切试验可分为不固结不排水剪（UU）、固结不排水剪（CU）和固结排水剪（CD）三种试验方法。

不固结不排水剪（UU）在施加周围压力σ_3和轴向偏应力$\sigma_1-\sigma_3$直至试样剪坏的整个过程中，均不允许试样排水固结，所得强度指标为总强度指标φ_u和c_u。

固结不排水剪（CU）试验中，试样先在周围压力σ_3作用下排水固结，然后在试样不允许排水的条件下，施加偏应力$\sigma_1-\sigma_3$至试样剪坏。固结不排水可得到总强度指标φ_u和c_u，如试验时量测孔隙水压力也可得到有效强度指标φ'和c'。

固结排水剪（CD）试验时，试样先在周围压力下排水固结，然后在允许试样排水的条件下，施加偏应力$\sigma_1-\sigma_3$，至试样剪破坏。该试验由于在整个试验过程中允许试样排水固结，孔隙水压力始终保持为零，总应力等于有效应力，故此时的总强度指标即为有效应力强度指标φ_d和c_d。

本实验只做饱和试样的固结不排水剪。

第二节　三 轴 压 缩 实 验

一、实验目的

三轴压缩试验是测定土的抗剪强度的一种方法。它通常用3～4个圆柱形试样分别在不同的恒定围压（即小主应力σ_3）下施加轴向压力（即主应力差$\sigma_1-\sigma_3$），对试样进行剪切，直至破坏，然后根据摩尔-库仑理论，求得土的总抗剪强度指标φ和c以及有效抗剪强度指标φ'和c'。

二、实验原理

三轴试验采用圆柱形试样，可以对试样的空间三个坐标方向上施加压力。试验时先通过压力室内的有压液体，使试样在三个轴向受到相同的周围压力σ_3（其大小由压力计测定），并维持整个试验过程不变。然后通过活塞向试样施加垂直轴向压力，直到试样剪坏。

若由活塞杆所施加的试样破坏时的压力强度为$\sigma_1-\sigma_3$（偏应力），小主应力是周围压力，中主应力σ_2和σ_3相等。则由一个试样所得的σ_1和σ_3，可以绘制一个极限应力圆。对同一种土，另取几个试样，改变围压 σ_3，试样剪坏时所加的轴压力 σ_1 也会改变，从而又可绘制另几个极限应力圆。这样，在不同周围压力下试验，就可得到一组（最少三个试样）极限应力圆。作这些应力圆的公切线，即是土的抗剪强度包线 $\tau = \sigma \cdot \tan\varphi + c$，由此包线可求得抗剪强度指标 φ 和 c。

三、实验仪器、设备

（1）常用的三轴仪，按施加轴向压力方式的不同，分为应变控制式和应力控制式两种。

（2）应变控制式三轴仪如图 12－1 所示，包括压力室、试验机、施加周围压力系统、体积变化和孔隙压力量测系统等。

（3）附属设备：击实筒、饱和器、切土盘、切土器和切土架、分样器、承膜筒、天平、量表、橡皮膜等。

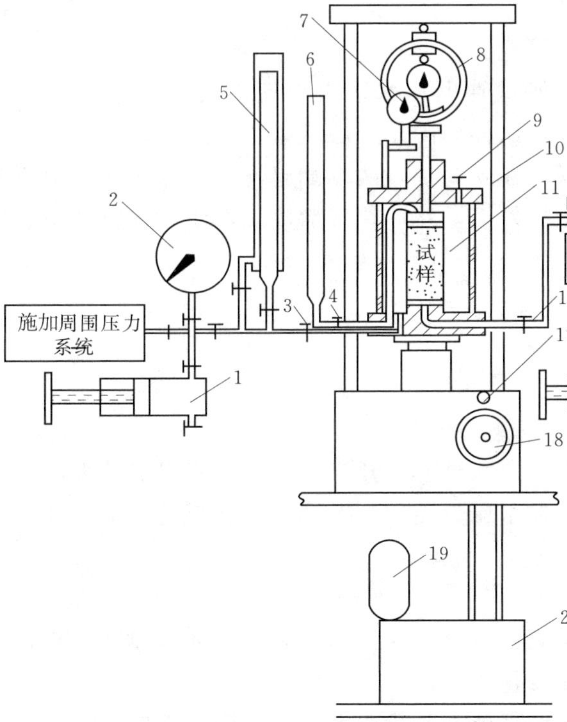

图 12－1　应变控制式三轴剪切仪

1—调压筒；2—周围压力表；3—周围压力阀；4—排水阀；5—体变管；6—排水管；7—变形量表；8—量力环；9—排气孔；10—轴向加压设备；11—压力室；12—量管阀；13—零位指示器；14—孔隙压力表；15—量管；16—孔隙压力阀；17—离合器；18—手轮；19—马达；20—变速箱

四、操作步骤

1. 试样的制备

（1）将制备成大于试样直径和高度的毛坯，放在切土器内用钢丝锯和修土刀，制备成所要求规格的试样。

（2）试样饱和一般采用真空抽气饱和法，将切好的试样装入饱和器后，先浸没在带有清水的真空饱和缸内，连续真空抽气2～4h（黏土），然后停止抽气，静置12h左右即可。

（3）原状试样制备，应将土切成圆柱形试样，试样两端应平整并垂直于试样轴，当试样侧面或端部有小石子或凹坑时，允许用削下的余土修整，试样切削时应避免扰动，并取余土测定试样的含水量。

（4）扰动试样制备，应根据预定的干密度和含水量，在击实器内分层击实，粉质土宜为3～5层，黏质土宜为5～8层，各层土料数量应相等，各层接触面应刨毛。

（5）对于砂性土，应先在压力室底座依次放上不透水板、橡皮膜和对开圆膜。将砂料填入对开圆膜内，分三层按预定干密度击实。当制备饱和试样时，在对开圆膜内注入纯水至1/3高度，将煮沸的砂料分三层填入，达到预定高度。放上不透水板、试样帽，扎紧橡皮膜。对试样内部施加5kPa负压力使试样能站立，拆除对开圆膜。

（6）对制备好的试样，应量测其直径和高度。

2. 试样的安装

（1）检查压力管线，并连接管线。

（2）打开试样底座的开关，使量管里的水缓缓地流向底座，并依次放上透水石和滤纸，待气泡排除后，在放上试样，试样周围贴上滤纸条，关闭底座开关。

（3）把已检查过的橡皮薄膜套在膜筒上，两端翻起，用吸球从气嘴中不断吸气，使橡皮膜贴于筒壁，小心将它套在土样外面，然后让气嘴放气，使橡皮膜紧贴试样周围，翻起橡皮膜两端，扎紧橡皮膜。

（4）把土样装入压力室。

（5）安装轴向位移传感器。

3. 试样排水固结步骤

（1）施加周围压力。

（2）开孔隙水压力阀，测定孔隙水压力。开排水阀。当需测定排水过程时，测记排水管水面及孔隙水压力值，直至孔隙水压力消散95%以上。固结完成后，关排水阀，测记排水管读数和孔隙水压力读数。

4. 试样剪切步骤

（1）关闭孔隙水压力阀，微调压力机升降台，使活塞与试样接触，此时轴向变形百分表的变化值为试样固结时的高度变化。

（2）将轴向测力计、轴向变形百分表及孔隙水压力读数均调整至零。选择剪切应变速率，进行剪切。黏质土每分钟应变为0.05%～0.1%；粉质土每分钟应变为0.1%～0.5%。测记轴向压力、孔隙水压力和轴向变形。试验结束，关闭电动机和各阀门，开排气阀，排除压力室内的水，拆除试样，描述试样破坏形状。称试样质量并测定含水量。

（3）破坏后的试样。

五、实验方法

本实验可分为以下三种具体的方法。

1. 固结不排水试验

土样安装好后进行固结，在启动电动机开始剪切。剪切应变速率宜为每分钟应变0.5%～1.0%。试样每产生0.3%～0.4%的轴向应变，测计一次测力计读数和轴向变形值。当轴向应变大于3%，每隔0.7%～0.8%的应变值测记一次读数。

2. 不固结不排水试验

土样安装好后不进行固结，直接启动电动机开始剪切。剪切应变速率宜为每分钟应变0.5%～1.0%。试样每产生0.3%～0.4%的轴向应变，测计一次测力计读数和轴向变形值。当轴向应变大于3%，每隔0.7%～0.8%的应变值测记一次读数。

3. 固结排水试验

试样的安装、固结和剪切，与固结不排水试验的相应步骤相同，但在剪切过程中应打开排水阀，剪切速率采用每分钟应变0.003%～0.012%。

六、计算及成果整理

1. 计算

（1）试样固结后的高度、面积、体积及剪切时的面积计算公式列于表12-1中。

表12-1　面积计算公式

项　目	起始	固结后		剪切时校正值
		按实测固结下沉量	等应变简化式	
试样高度（cm）	h_0	$h_c=h_0-\Delta h_c$	$h_c=h_0\left(1-\frac{\Delta V}{V_0}\right)^{1/3}$	
试样面积（cm^2）	A_0	$A_c=\frac{V_0-\Delta V}{h_c}$	$A_c=A_0\left(1-\frac{\Delta V}{V_0}\right)^{2/3}$	$A_a=\frac{A_0}{1-\varepsilon_1}$（不固结不排水） $A_a=\frac{A_c}{1-\varepsilon_1}$（固结不排水） $A_a=\frac{V_c-\Delta V_i}{h_c-\Delta h_i}$（固结排水剪）
试样体积（cm^3）	V_0	$V_c=h_cA_c$		

注　Δh_c为固结下沉量，由轴向变形量表测得，cm；ΔV为固结排水量（实测或由试验前后试样质量差换算），cm^3；ε_1为轴向应变，%，$\varepsilon_1=\Delta h_i/h_c$；$\Delta h_i$为试样剪切时的高度变化，cm，由轴向变形量表测得，为方便起见，可预先绘制$\Delta V-h_c$及$\Delta V-A_c$的关系线备用。

（2）主应力差（$\sigma_1-\sigma_3$）的计算。

$$\sigma_1-\sigma_3=\frac{CR}{A_a}\times 10 \tag{12-1}$$

式中　σ_1——大主应力，kPa；

σ_3——小主应力，kPa；

C——量力环率定系数，N/0.01mm；

R——量力环量表读数，0.01mm；

A_a——试样剪切时的面积，cm^2；

10——单位换算系数。

（3）有效主应力比$\frac{\sigma'_1}{\sigma'_3}$的计算。

$$\frac{\sigma'_1}{\sigma'_3}=\frac{\sigma_1-\sigma_3}{\sigma'_3}+1 \tag{12-2}$$

$$\sigma'_1=\sigma_1-u$$

$$\sigma'_3 = \sigma_3 - u$$

式中　σ_1、σ_3——大主应力与小主应力，kPa；

σ'_1、σ'_3——有效大主应力与有效小主应力，kPa；

u——孔隙水压力，kPa。

（4）孔隙压力系数计算。

1）按式（12－3）计算孔隙压力系数 B。

$$B = \frac{u}{\sigma_3} \tag{12-3}$$

式中　u——试样在周围压力下产生的起始孔隙压力，kPa。

2）按式（12－4）计算孔隙压力系数 A。

$$A = \frac{u_d}{B(\sigma_1 - \sigma_3)} \tag{12-4}$$

式中　u_d——试样破坏时，主应力差产生的孔隙水压力，kPa。

2. 制图

（1）绘制主应力差 $\sigma_1 - \sigma_3$ 与轴向应变 ε_1 的关系曲线，如图 12－2 所示。

（2）绘制有效主应力比 σ'_1/σ'_3 与轴向应变 ε_1 的关系曲线，如图 12－3 所示。

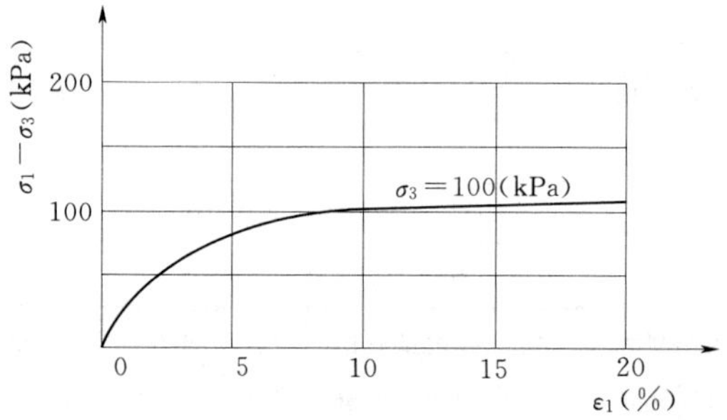

图 12－2　主应力差与轴向应变关系曲线

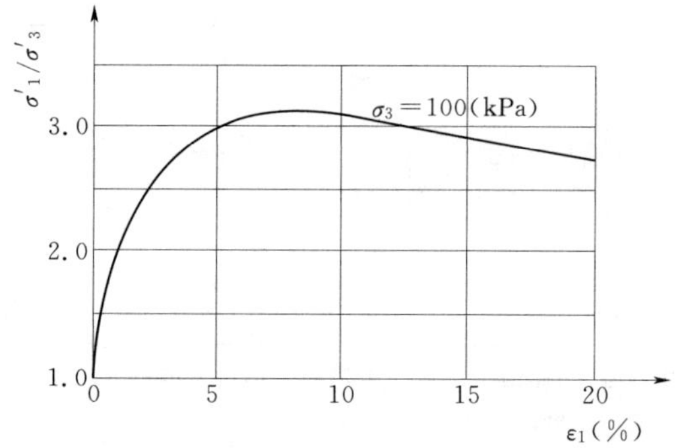

图 12－3　有效主应力比与轴向应变关系曲线

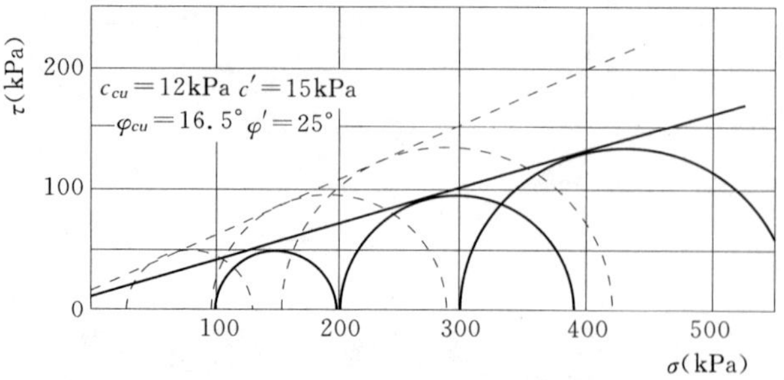

图 12－4　固结不排水剪强度包线

（3）绘制固结不排剪强度包线，如图 12－4 所示。

1）以法向应力 σ 为横坐标，剪应力 τ 为纵坐标，在横坐标轴上以 $\frac{\sigma_{1f}+\sigma_{3f}}{2}$ 为圆心，以 $\frac{\sigma_{1f}-\sigma_{3f}}{2}$ 为半径（f 表示破坏时值）绘制破坏总应力圆。在绘制不同周围压力的破坏应力圆后作诸圆包线，即总应力强度线，该包线的倾角为 φ，包线在纵轴的截距为 c'。

2）将破坏时主应力减去破坏时的孔隙水压力，得试样破坏时的有效主应力 σ'，在横坐标轴上以 $\frac{\sigma'_{1f}+\sigma'_{3f}}{2}$ 为圆心，以 $\frac{\sigma'_{1f}-\sigma'_{3f}}{2}$ 为半径，绘不同周围压力下有效应力圆的包线，包线的倾角为有效内摩擦角 φ'，包线与纵坐标轴的截距为 c'。

七、实验记录

本试验记录格式如下。

土样编号＿＿＿＿＿＿　仪　器　编　号＿＿＿＿＿＿　实验者＿＿＿＿＿＿

土样说明＿＿＿＿＿＿　测力计率定系数＿＿＿＿＿＿　校核者＿＿＿＿＿＿

实验方法＿＿＿＿＿＿　实　验　日　期＿＿＿＿＿＿

1. 含水率

	试　验　前	试　验　后
盒　　号		
湿土质量（g）		
干土质量（g）		
含水率（%）		
平均含水率（%）		

2. 密度

试样高度（cm）	
试样体积（cm^3）	
试样质量（g）	
密度（g/cm^3）	
试样草图 试样破坏描述	
备　　注	

3. 反压力饱和

周围压力（kPa）	反压力（kPa）	孔隙水压力（kPa）	孔隙压力增量（kPa）

4. 固结排水

周围压力＿＿＿＿＿kPa　反压力＿＿＿＿＿kPa　孔隙水压力＿＿＿＿＿kPa

经过时间（h、min、s）	孔隙水压力（kPa）	量管读数（mL）	排出水量（mL）

5. 不排水剪切

量力环率定系数＿＿＿＿＿N/0.01mm　　剪切速率＿＿＿＿＿mm/min

周围压力＿＿＿＿＿kPa　　　　　　　　反压力＿＿＿＿＿kPa

初始孔隙压力＿＿＿＿＿kPa　　　　　　温度＿＿＿＿＿℃

轴向变形 (0.01mm)	轴向应变 ε（%）	校正面积 $\frac{A_c}{1-\varepsilon}$ （cm^2）	量力环内量表读数 (0.01mm)	主应力差 $\sigma_1-\sigma_3$ （kPa）	孔隙水压力（kPa）	有效大主应力 σ_1'（kPa）	有效小主应力 σ_3'（kPa）	有效主应力比 σ_1'/σ_3'	$\frac{\sigma_1'-\sigma_3'}{2}$ （kPa）	$\frac{\sigma_1'+\sigma_3'}{2}$ （kPa）

思　考　题

（1）三轴实验和直接剪切实验有什么不同？为什么说三轴实验更接近地基土的真实情况？

（2）为什么试样面积需要随时校正？

（3）如果一组土样少于三个时，如何确定土样的抗剪强度指标？

（4）什么样的实验条件不用排水管？

参 考 文 献

[1] 陈晓平. 土力学与基础工程[M]. 北京：中国水利水电出版社，2008.

[2] 天津大学. 土力学与基础[M]. 北京：人民交通出版社，1986.

[3] 南京水利科学研究院土工研究所. 土工试验技术手册[M]. 北京：人民交通出版社，2002.

[4] 中华人民共和国国家标准. GB/T 50123—1999 土工试验方法标准[S]. 北京：中国计划出版社，1999.

[5] 中华人民共和国行业标准. SL 237—1999 土工试验规程[S]. 北京：中国水利水电出版社，1999.

[6] 中华人民共和国行业标准. JGJ 94—2008 建筑桩基技术规范[S]. 北京：中国建筑工业出版社，2008.

[7] 中华人民共和国行业标准. JTJ 254—98 港口工程桩基规范[S]. 北京：人民交通出版社，1999.

[8] 中华人民共和国国家标准. GB/T 50279—98 岩土工程基础术语标准[S]. 北京：中国计划出版社，1999.

[9] 中华人民共和国水利行业标准. SL 386—2007 水利水电工程边坡设计规范[S]. 北京：中国水利水电出版社，2007.

[10] 华东水利学院土力学教研室. 土工原理与计算[M]. 北京：水利出版社，1980.

[11] 龚晓南. 土力学[M]. 北京：中国建筑工业出版社，2002.

[12] 王成华. 土力学原理[M]. 天津：天津大学出版社，2002.

[13] 陈希哲. 土力学[M]. 北京：清华大学出版社，1982.

[14] 陈希哲. 土力学地基基础[M]. 北京：清华大学出版社，2004.

[15] 秦植海. 土质学与土力学[M]. 北京：中国科学出版社，2004.

[16] 杨进良. 土力学[M]. 4版. 北京：中国水利水电出版社，2009.

[17] 陈国兴，樊良本，等. 土质学与土力学[M]. 2版. 北京：中国水利水电出版社，2006.

[18] 刘起霞. 土力学实验[M]. 北京：中国水利水电出版社，2009.

[19] 阮波，张向京. 土力学实验[M]. 湖南：中南大学出版社，2009.

[20] 刘成宇. 土力学[M]. 北京：中国铁道出版社，2004.

[21] 中华人民共和国行业标准. JTGE 40—2007 公路土工试验规程[S]. 北京：人民交通出版社，2007.